U0229364

小小户外探索家

夜探自然

教孩子认识100多种夜间活动的生物

[英] 罗宾 · 斯威夫特 / 文 [英] 萨拉 · 林恩 · 克拉姆 / 图
陈 睿 / 译

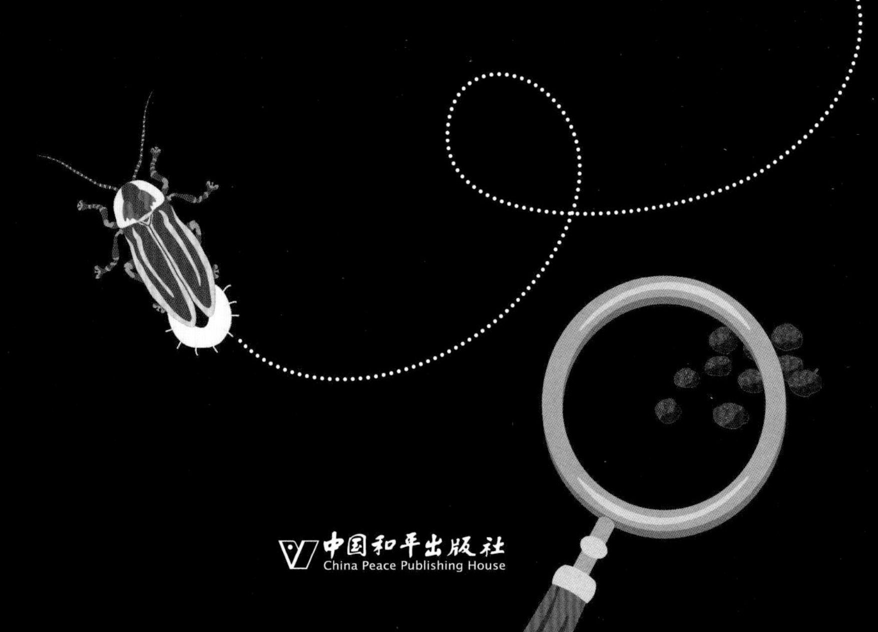

中国和平出版社
China Peace Publishing House

图书在版编目（CIP）数据

小小户外探索家. 夜探自然 / (英) 罗宾・斯威夫特文 ; (英) 萨拉・林恩・克拉姆图 ; 陈睿译. -- 北京 : 中国和平出版社, 2021.7

书名原文: Out and About: Night Explorer

ISBN 978-7-5137-2073-1

Ⅰ. ①小… Ⅱ. ①罗… ②萨… ③陈… Ⅲ. ①自然科学—儿童读物 Ⅳ. ①N49

中国版本图书馆CIP数据核字(2021)第136583号

小小户外探索家 夜探自然

[英] 罗宾・斯威夫特 / 文　[英] 萨拉・林恩・克拉姆 / 图
陈　睿 / 译

出品策划　大眼鸟文化
责任编辑　周智芳
排版制作　楠竹文化
责任印务　魏国荣
出版发行　中国和平出版社（北京市海淀区花园路甲13号
　　　　　7号楼10层　100088）
　　　　　www.hpbook.com　hpbook@hpbook.com
出 版 人　林　云
经　　销　全国各地书店
印　　刷　小森印刷（北京）有限公司
开　　本　889mm × 1194mm　1/32
印　　张　5
字　　数　88千字
版　　次　2021年7月第1版　2021年7月第1次印刷
书　　号　ISBN 978-7-5137-2073-1
定　　价　98.00元（全2册）

目　录

走，一起去夜探自然！

即使太阳下山了，户外依然充满了乐趣。这本书将为你提供丰富有趣的活动方案和实用的建议，帮你在夜晚探索大自然。

你想知道白天的大自然和夜晚的大自然有多大的区别吗？如果你晚上出去看看野生生物，会发现夜晚的世界很神奇，令人兴奋。

太阳下山后，通常要过一会儿天才黑，日落后到天黑前的这段时间，我们称为黄昏。这段时间，是我们发现野生生物更好的时机，我们能在花园里看见很多访客或听见它们的声音。

无论你生活在乡村还是城镇，只要睁大眼睛，竖起耳朵，就都会发现夜晚的大自然有很多惊喜……

迈出探索第一步

寻找野生生物的10条提示

1 别走丢了。留意你的路线，最好有家人的陪伴，并且带上地图或者指南针。在出发前，要确认一下行动路线。

2 准备一根手杖。出门带一根结实的手杖，能给你带来许多乐趣和帮助。

3 保持安静。不要穿沙沙作响的衣服，也不要大声喧哗，要听听周围的动静；留意地面的枯枝和落叶等，以免踩上去发出声音，吓跑动物。

4 避免突然使用强光。强光也会吓跑动物。

5 环顾四周。不要只顾着向前看，还要向四周看，抬头看看树上，或者低头看看地面有没有动物的身影。

6 做好前期调查。出发前你要弄清楚哪些动物可以追踪，它们的踪迹是什么样的，如何追踪它们，以及它们在野外是如何生活的。

7 吸引夜行性动物。你可以参考本书第24页、34页和40页。昆虫可以用来吸引食虫的小型哺乳动物，甚至猫头鹰！

8 跟着嗅觉走。如果你能闻到甜甜的花香，那么像蛾这类野生动物也会被它们吸引。

9 不要打扰野生动物。无论是白天还是黑夜，都要给野生动物留出足够的空间，这一点非常重要。不要用手电筒或照相机对着它们。即使一些动物看起来温顺乖巧，你也应该和它们保持一定的距离。

10 玩得开心！

夜间外出须知

无论你是第一次在夜晚探索大自然，还是经常在周末的晚上外出，都要提前做好准备。可能有些人觉得黑夜有点儿可怕，但其实只要做好了准备，就完全不用担心。

1 **永远不要在夜里独自外出。**如果你打算离开家，记得一定要有家长陪同，还要带上充满电的手机，以备不时之需。当你在外面逛时，千万不要单独行动，一定要和同伴在一起。

2 **选择熟悉的地方。**去白天去过的地方，这样你会更熟悉周围的环境。事先在有光亮的地方查看地图，规划好路线，这样你就不会被突然遇到的地沟或陡坡吓到。

3 **训练你的夜视能力。**出发前，如果你在黑暗中待一会儿，眼睛就能更好地适应户外黑暗的环境。即使不用手电筒，你也能看清楚很多东西。你知道吃胡萝卜也有助于提高夜视能力吗？

4 使用备忘录，以免忘了重要的事。在自家的花园里寻找野生生物，即使没有任何装备，你也能玩得非常开心。但是，如果你想去更远的地方探险，甚至是夜宿露营，那就应该考虑多带一些装备。以下是一些可以帮助你探险的实用物品：

搭一个夜间小窝

你不必去很远的地方寻找有趣的夜行性动物——家里的花园就是一个很好的自然探索基地！你可以先在花园里练习搭帐篷、露宿（万一你忘了带什么东西或者需要帮助，也不用走太远）。有了经验之后，就可以去离家远一点儿的地方了，但必须有父母陪同！千万不要独自行动。

你想在户外搭一个隐秘的小窝吗？你可以在白天搭建好，晚上再去看看里面有没有野生动物。

想要搭一个锥形的帐篷，你需要准备4~6根长棍子，将它们的一端绑在一起。把绑好的棍子竖起来（绑住的那端朝上），再将棍子的另一端分别向外拉，形成锥形。然后，将棍子的下端插入土中，并将树枝交叉绑在棍子上，填补棍子之间的空隙。

使用手电筒

在户外，你不必一直使用手电筒，但最好准备一个，以防万一。记得出门前检查一下电池的电量，并带一块备用电池。可充电的手电筒非常实用，这样你就不用担心电池电量耗尽了。头灯更实用，不但能照亮道路，还能让你腾出双手。红光对野生动物干扰不大，你可以用橡皮筋或胶带将红色玻璃纸固定在手电筒前端的玻璃上。

你还可以用手电筒发送摩斯密码。“SOS”在摩斯密码中是国际求救信号。紧急情况下，你可以用三短、三长加三短的手电筒灯光来发送这个信号。你也可以试着玩一玩，用手电筒灯光拼出自己名字的拼音！

国际摩斯密码表（一）

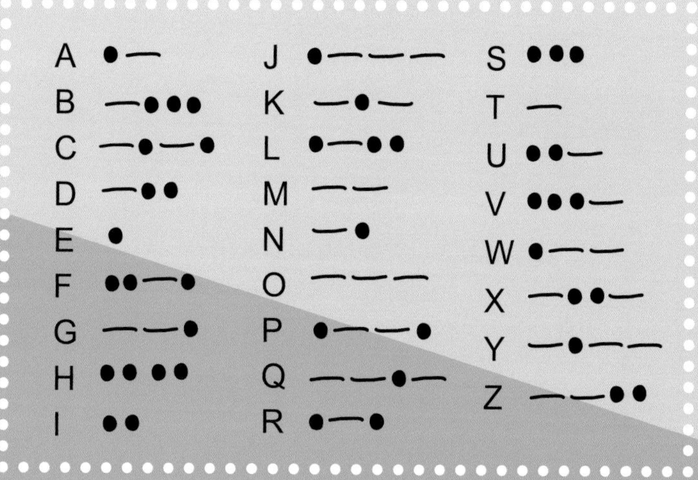

A	●—	J	●———	S	●●●
B	—●●●	K	—●—	T	—
C	—●—●	L	●—●●	U	●●—
D	—●●	M	——	V	●●●—
E	●	N	—●	W	●——
F	●●—●	O	———	X	—●●—
G	——●	P	●——●	Y	—●——
H	●●●●	Q	——●—	Z	——●●
I	●●	R	●—●		

（● 是指短信号，— 是指长信号。）

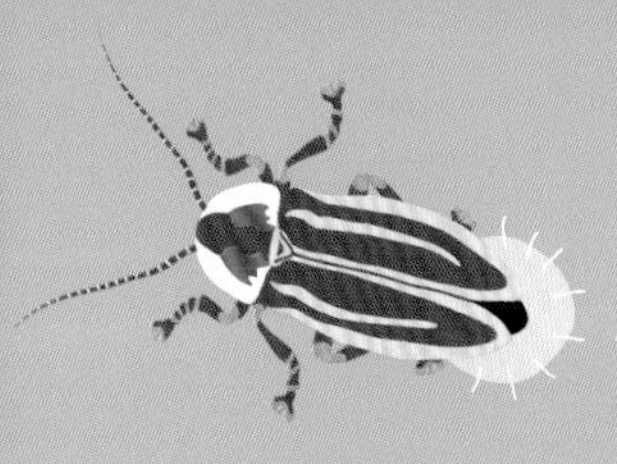

手电筒也很有趣，可以用它来玩贴标签游戏。这个游戏至少需要4个小伙伴一起玩，还要有一个安全的、能奔跑的空间。能躲藏的空间越多，这个游戏就越有趣！

1 关掉手电筒，小伙伴们有1分钟时间来躲藏。在黑暗中行动要注意安全。

2 等小伙伴们在黑暗中躲好，寻找者打开手电筒，开始寻找小伙伴。

3 发现目标后，寻找者用手电筒照向小伙伴（注意别照到眼睛哟），被照到的小伙伴淘汰。

4 游戏继续进行，直到只剩下最后躲藏的人——他就是获胜者！

国际摩斯密码表（二）

1	●————	6	—●●●●
2	●●———	7	——●●●
3	●●●——	8	———●●
4	●●●●—	9	————●
5	●●●●●	0	—————

手影戏

即使待在帐篷里，只需要准备一个手电筒，腾出双手，你也可以玩得很开心。打开手电筒，将光照向帐篷壁，将双手举在手电筒前方约60厘米的地方，试着用手做一些有趣的影子造型，投影到帐篷壁上。下面是一些能激发创意灵感的示范动作，试着去创造属于你的动物手影吧！

公牛

兔子

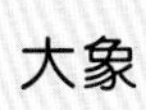

大象

狐狸

动 物

寻找线索

在夜里发现动物并不容易，但即便是最神秘的动物，有时也会留下踪迹。

动物足迹

当你外出探索时，可以找一找脚印——它有可能帮你找到动物！数一数脚印上脚趾或爪的数量，这会帮你确认要追踪的是哪种动物。

獾的脚印很大，每只脚上有5根脚趾，爪很长。

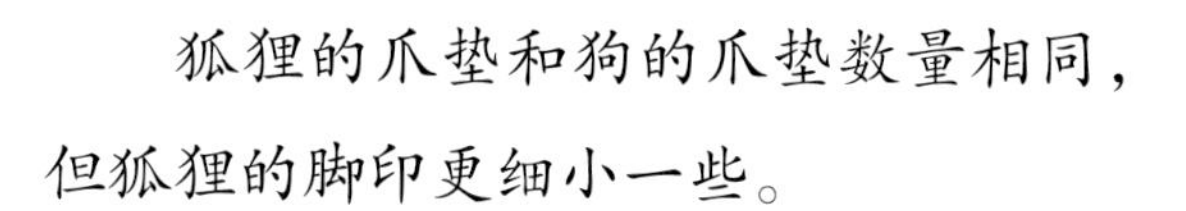

獾的脚印

狐狸的爪垫和狗的爪垫数量相同，但狐狸的脚印更细小一些。

狐狸的脚印

刺猬的脚印非常小，因而很难辨认。但它们的脚印很特别，有3根向前的脚趾和2根分别向两侧伸出的脚趾。

刺猬的脚印

兔子的脚印最容易辨认，因为它们后爪的印迹比前爪的深。

兔子的脚印

在薄薄的积雪上或松软的地面上最容易发现动物的脚印，但想要找到完整而清晰的脚印很难，通常你只能找到脚印的一部分，能否看清脚印，取决于动物的移动速度快不快。

鹿的脚印

有些动物每天都会走相同的路线，因而留下的脚印非常清晰。獾经常出入洞穴，即使洞穴周围有落叶，你也能找到去往洞穴入口的脚印。

鸟的脚印

路上的气味

有些动物会留下明显的气味，尤其是狐狸和草蛇，它们会留下浓烈刺鼻的气味！

由于夜里不太容易看到视觉信号，因此气味成为夜行性动物之间重要的交流方式之一。它们会用浓烈的气味标记一棵树或者一块地面，划定自己的领地，或者用气味来求偶。

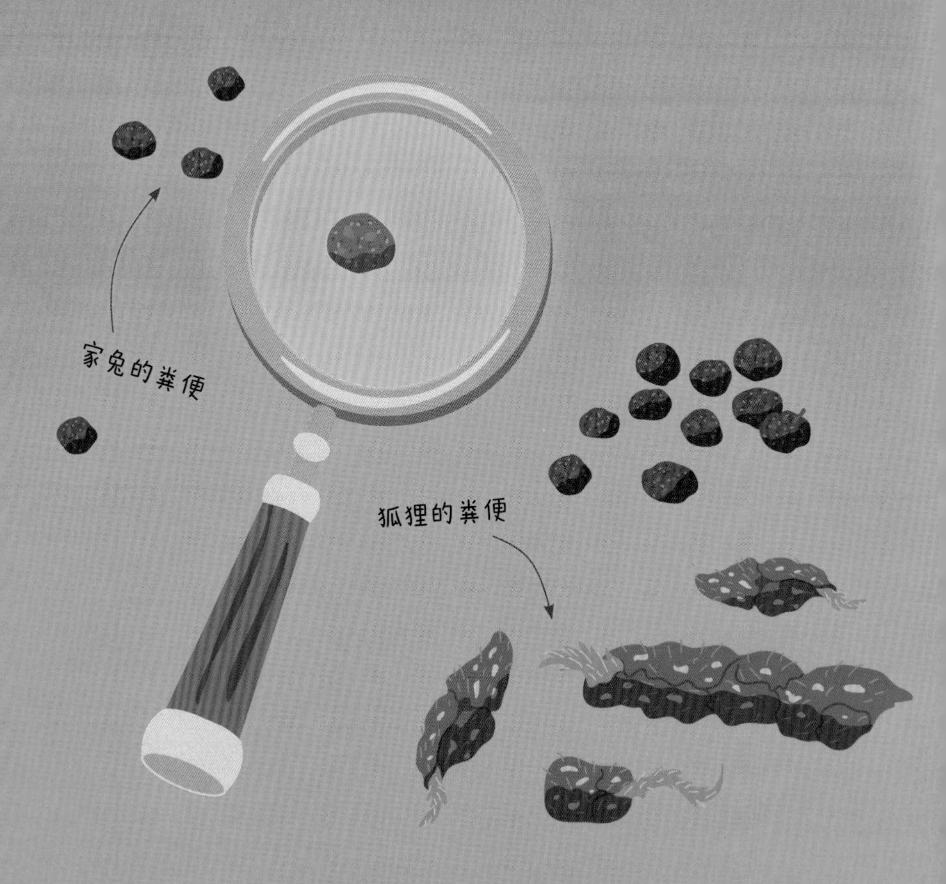

动物的粪便

在野外，请留意动物的粪便！假如你看到一堆粪便，说明附近可能有动物。有些哺乳动物会用自己的粪便来标记领地，所以你常常能在很醒目的地方发现它们的粪便。不过，看看就行，千万不要去摸粪便！

獾很喜欢在同一个地方排便，它们会有“家庭厕所”——如果你发现一大堆獾的粪便，说明附近一定有獾穴。獾的粪便形状取决于獾吃了什么——如果吃了蠕虫，它们的粪便就是稀软的；如果吃了水果或小麦，它们的粪便就会像香肠一样硬，里面还有种子。

家兔和野兔的粪便是由充分咀嚼的草消化后构成的。它们的粪便很难区分，但野兔的粪便更大、更扁平一些。和獾一样，你常常会在它们的“家庭厕所”里发现一堆粪便。

蝙蝠的粪便会粘在它们栖息的墙上或地面上，仅通过粪便，你很难分辨蝙蝠的种类。仔细观察的话，你还能在它们的粪便里发现被嚼碎的昆虫残骸。

刺猬的粪便是条状的，里面也有闪亮的昆虫残骸。

小型哺乳动物

无论你住在哪里，都能看到那些在夜晚活跃的动物，或听到它们的声音，它们被称为夜行性动物。所以，带上这本书，开始你的夜间探索之旅，发现一些动物吧。你不必彻夜不眠，黄昏也是发现夜行性动物的好时机。

哺乳动物是用乳汁喂养幼崽的动物，它们通常全身有毛。小到老鼠，大到人类，哺乳动物的个头儿和体形各不相同。

一些最常见的夜行性动物是小型哺乳动物中的啮齿动物，如小鼠、大鼠和田鼠。它们的眼睛很大，听力很好，长长的胡须能帮助它们在黑暗中把握方向，长尾巴有助于它们保持身体的平衡和体温的恒定，以及与同伴交流。

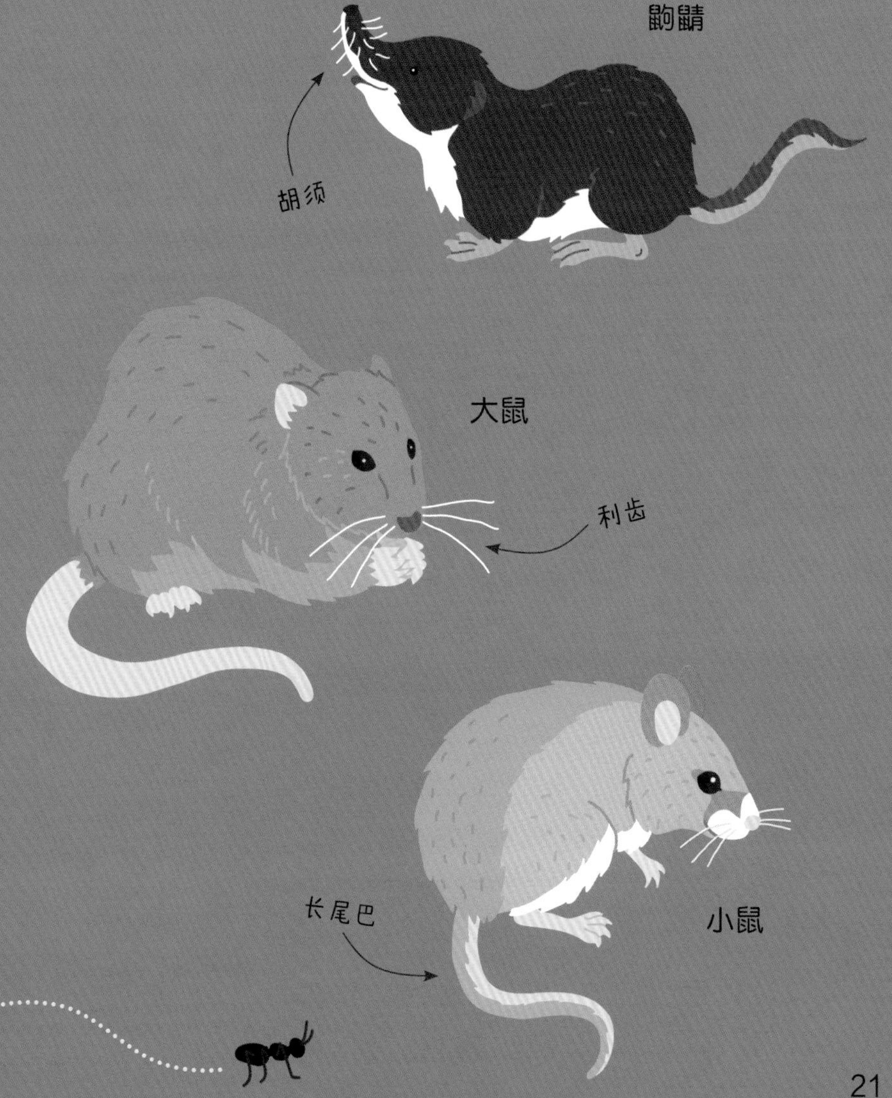

你也许经常会在黄昏发现兔子的身影。它们通常在洞穴附近活动，黄昏时分出来吃草和庄稼。

不过，你可别把野兔和穴兔弄混了！欧洲野兔的个头儿比穴兔大得多，而且眼睛是黄色的。它们在晚上最活跃，喜欢单独行动。

鼹鼠并不常见，不过你有可能在野外看到鼹鼠洞穴口的土堆。鼹鼠一生的大部分时间在地下度过，但当洪水泛滥或者它们急需寻找新家园时，它们会迅速钻出地面。

如果你运气好，可能会在野外发现一只刺猬。在找到它之前，你可能会听见它吸鼻子嗅来嗅去的声音，这声音有时有些刺耳。

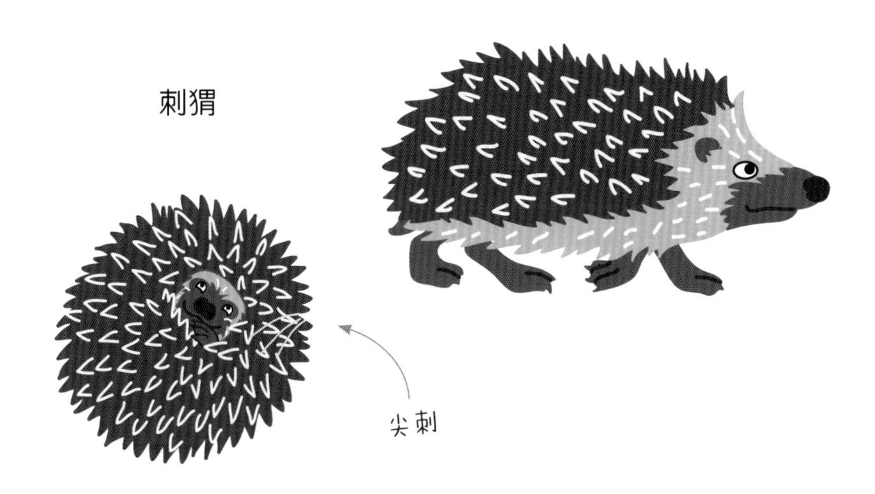

刺猬在冬天觅食很困难，因此它们会冬眠。这意味着它们要用树叶搭一个温暖舒适的窝，然后开始沉睡，以保存体力。当它们受惊害怕时，会蜷缩成团，就像刺球一样。

你或许以为刺猬喜欢安静，但它们的吵闹声可能会让你大吃一惊。仔细听，你会听见它们的咳嗽声、嘶嘶声、呼哧呼哧声和尖叫声，甚至睡觉时的鼾声！

投喂刺猬

刺猬主要以昆虫为食，但有时它们很难找到食物。你为什么不尝试投喂它们呢？

1 在花园里找一个隐蔽的地方。将盘子放在一个盒子里，以免猫和狐狸把刺猬的食物吃光。

2 在盒子的一侧挖一个和刺猬大小差不多（面积约13平方厘米）的孔。

3 往盘子里放一些刺猬爱吃的食物：

- 干燥的黄粉虫
- 切碎的坚果（无盐）
- 捣碎的猫饼干
- 煮熟的土豆
- 碎肉
- 湿狗粮（不要放鱼或牛肉）
- 切碎的煮鸡蛋

不要给刺猬喂面包或牛奶，这些食物会让它们的胃不舒服！

1 给盒子盖上盖子，然后压紧一点儿，这样其他动物就不会将盒子掀翻了。

2 及时检查盘子里是否还有食物，如果你发现有刺猬夜里来过，记得每天晚上在盘子里装满食物。

3 不过，你还是要小心——如果你怀疑食物被其他动物吃了，就不要再投放食物了。

其他哺乳动物

在繁殖期，为了交配和保护领地，狐狸会发出可怕的尖叫声。你多半会在冬天听到这种尖叫声，而在秋天，它们会安静很多。

狐狸

狐狸主要在夜间出去寻找食物。即使你不去乡村，也能看到它们——很多狐狸也生活在城市里。

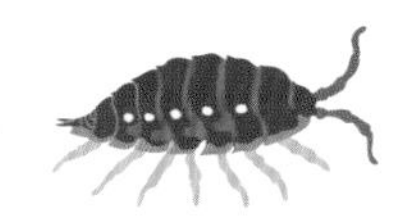

当你外出寻找狐狸时，请留意以下线索：

- ★ 铁丝网和带刺的篱笆上有一簇簇红褐色的毛。
- ★ 排泄物比狗的粪便更小，一端较尖，呈扭曲状。千万不要触碰它们！
- ★ 松软的地面或雪地上的足迹。
- ★ 垃圾！狐狸经常在夜晚寻找食物时撕开垃圾袋。

松貂

松貂主要在黄昏活动。它们的个头儿和家养的猫差不多，喉咙部位有一小块奶油色的皮毛，看上去就像戴了围嘴一样！它们有着尖利的爪，非常擅长爬树，在地面跑得也很快。

白天，獾通常待在洞穴里，晚上你更容易见到它们。獾是非常机警的动物，所以你要悄悄地靠近它们的洞穴，安静地等待它们出现。它们的嗅觉非常灵敏，所以你外出前不要使用任何香气浓郁的肥皂。

如果你在树林里或乡间行走，可能会听见从灌木丛中传来的獾的呼吸声、咀嚼声和咳嗽声。事实上，獾能发出至少16种不同的声音，大到咆哮声，小到低声细语。

苏格兰野猫目前只能在英国苏格兰地区看到，它们在黎明或黄昏时最活跃。它们看上去像家猫，但尾巴更粗大，而且身上有像老虎一样的黑色斑纹。它们通常在野外独自活动。

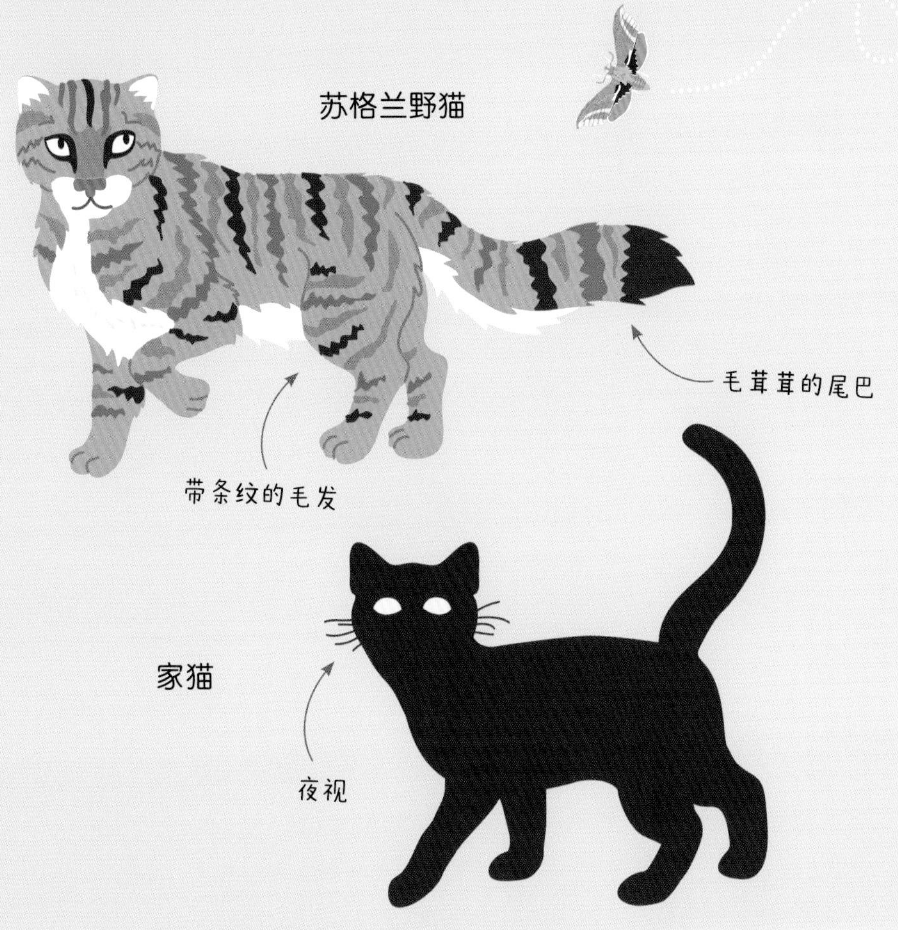

所有猫的眼球里都有一层膜状结构——照膜。这层结构能把一部分射入的光线反射回视网膜上，让猫的眼睛在暗处看起来闪闪发光。

蛾　类

蛾类的翅很漂亮，看上去和蝴蝶的翅很像，由成千上万块层层叠叠的鳞片组成。不过和蝴蝶不同的是，蛾类一般在夜间出没。在英国，大约有超过2500种蛾类，它们的颜色、体形和大小各不相同。以下是一些常见的蛾。

灰剑纹夜蛾

抛光黄铜夜蛾

杨树天蛾

棘翅夜蛾

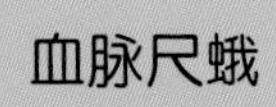
血脉尺蛾

酸橙天蛾

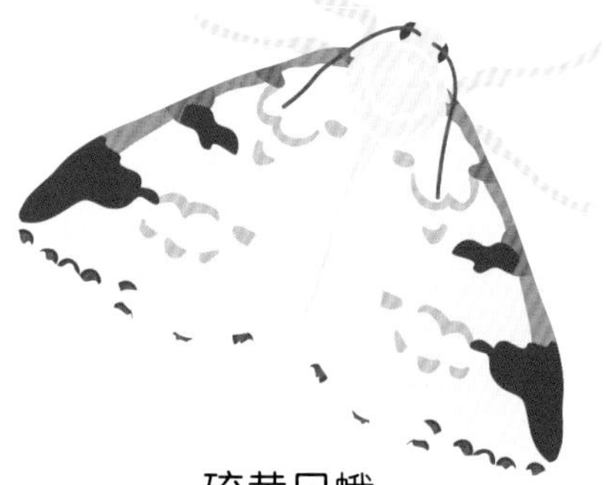

硫黄尺蛾

草黄翅夜蛾

纹夜蛾

黑带二尾舟蛾

女贞天蛾

大黄翅夜蛾

朱砂蛾

豹灯蛾

如何吸引蛾类

在花园里吸引蛾类有两种方法：

第一，你可以利用蛾类喜欢光的特点，挂一块白布，将手电筒的光照在上面，制作蛾子陷阱。蛾子会绕着有光亮的地方飞舞，还有的会停留在白布上，你可以更仔细地观察它们。

第二，你也可以在树干周围涂抹糖浆引诱剂，来吸引蛾类。

★ 将熟透的香蕉捣成泥，加入红糖和糖浆。

★ 倒入一些可乐，将混合物稀释成引诱剂，但要注意不能太稀，以免引诱剂滴落下来。

★ 将引诱剂倒在一个盘子里，缓慢加热（找个大人帮忙），继续搅拌，直到糖完全溶解，然后停止加热，让引诱剂慢慢冷却，并时不时地搅拌一下。

★ 在太阳下山前，去户外将引诱剂涂抹在树干上。

★ 黑夜降临后，将红色塑料袋套在手电筒前端，让红光照在引诱剂上。蛾类看不到红光，所以只要你保持安静，就不会惊扰被吸引到树上的蛾类。

夜行性虫子

你不仅可以找到在空中飞的蛾类，还能发现地面上也有很多野生动物。何不拿起一块木头、翻转一片叶子，或者拔开一棵植物，看看有什么东西藏在下面呢？

你可能会找到一些夜行性小动物，比如昆虫或蜘蛛等。大部分昆虫的身体由三部分组成：头、胸、腹。翅和足都位于胸部，腹部是昆虫躯体的最后一个体段。昆虫没有脊柱，身体柔软弯曲，大部分有坚硬的外壳，以保护自己不受伤害。

下面是一些可能会在夜晚出现的虫子。

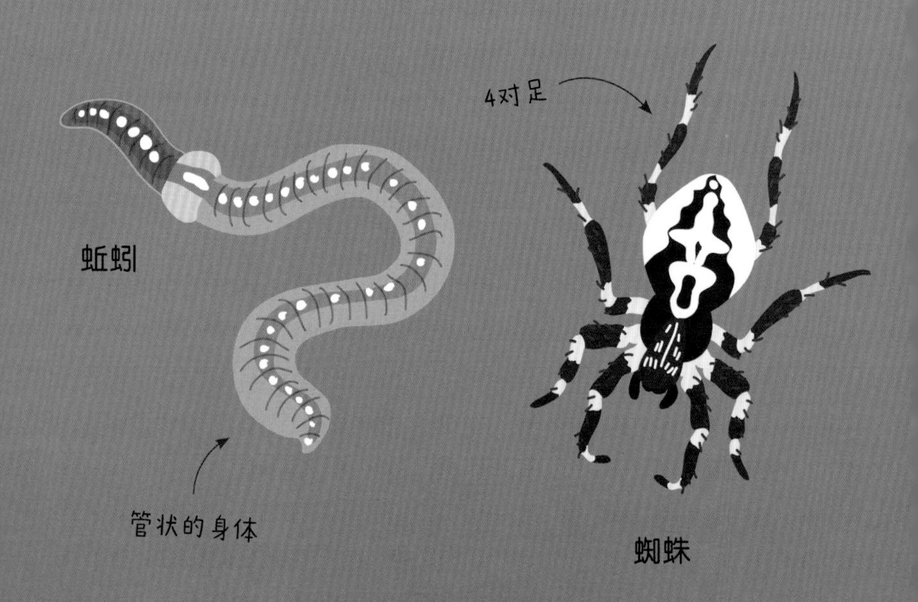

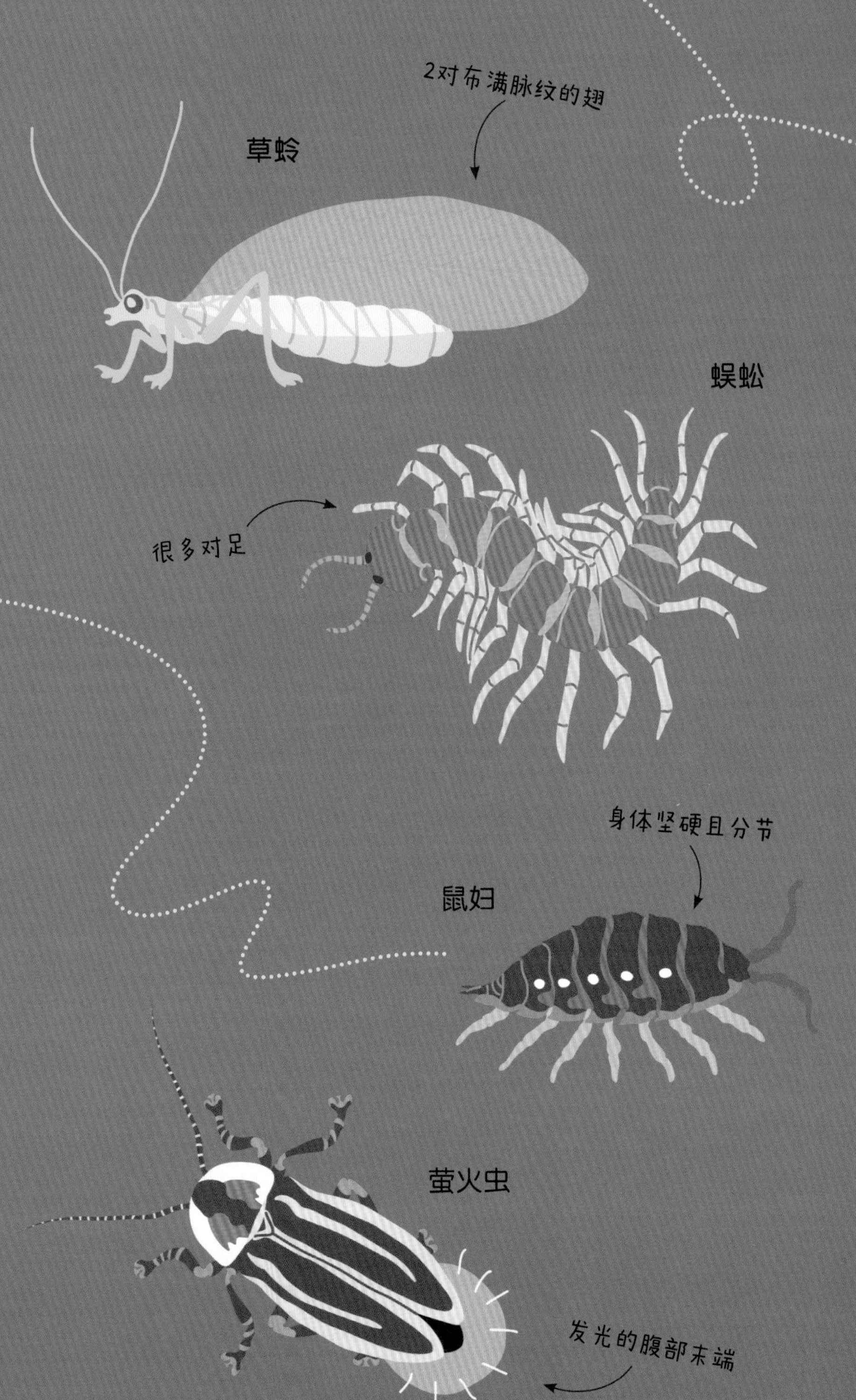
2对布满脉纹的翅
草蛉
蜈蚣
很多对足
身体坚硬且分节
鼠妇
萤火虫
发光的腹部末端

为了避免被饥饿的鸟儿吃掉，蛞蝓和蜗牛一般在夜晚出来活动。因此，在黑夜一起寻找它们留下的黏糊糊银色踪迹吧。你可能会在岩石缝、墙壁上、常春藤等植物的背面，或者木头下、旧花盆里看到它们。

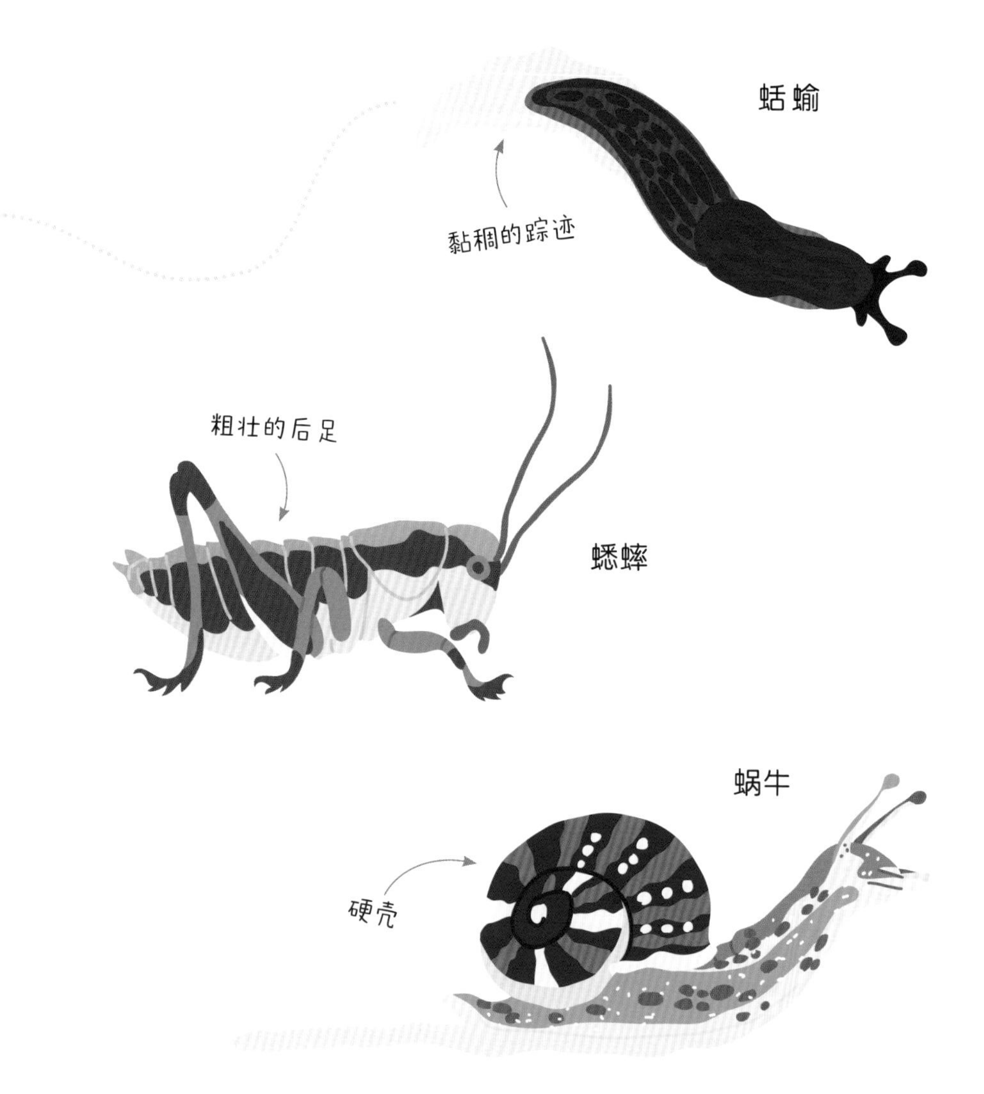

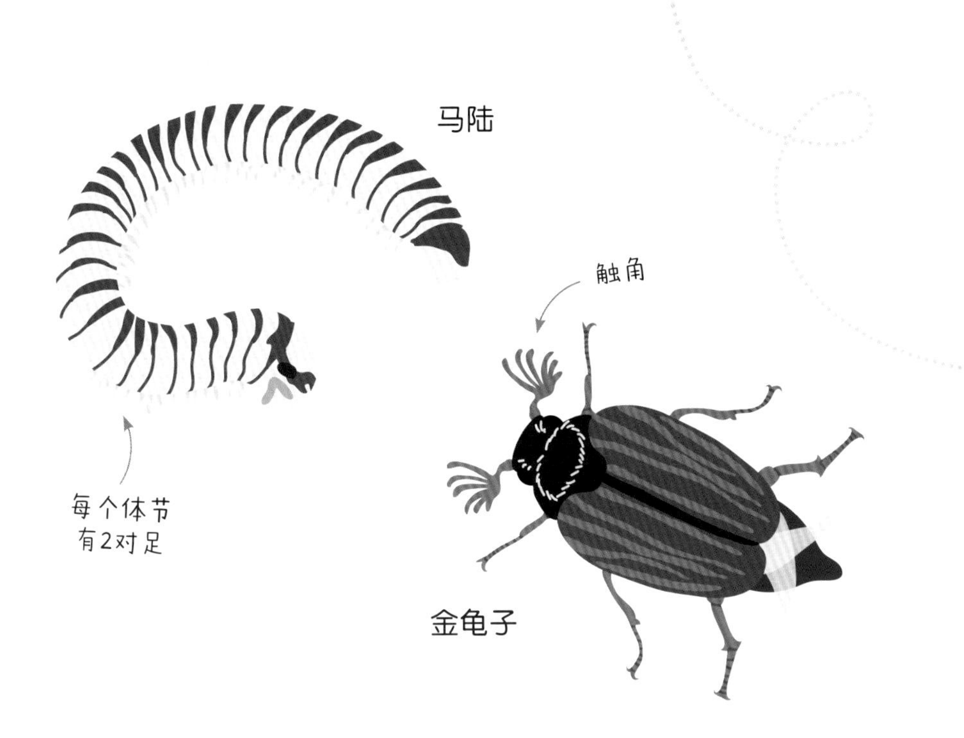

如果你在池塘边，可能还会发现仰泳蝽、黾蝽等昆虫。

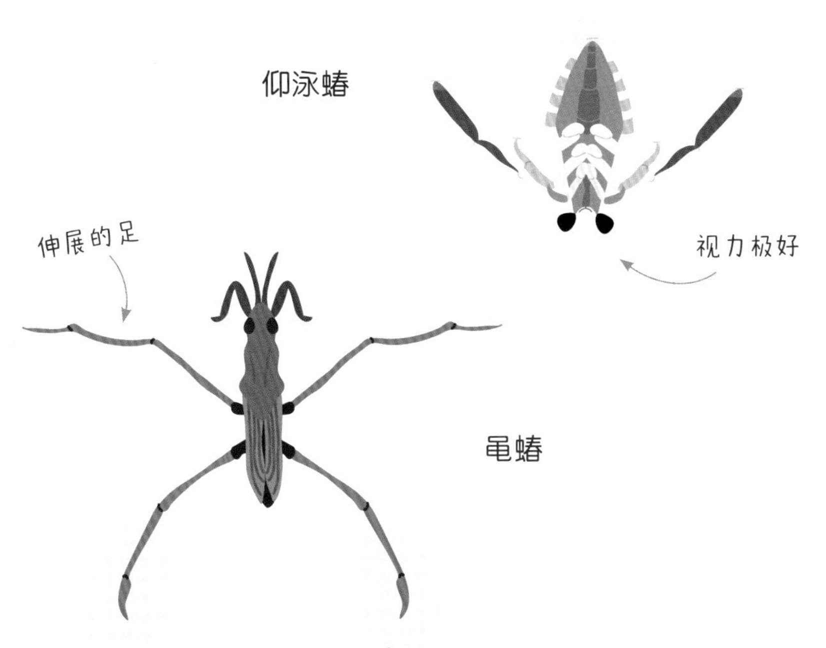

做一个虫子小屋

冬天，你可以帮助虫子们制作一个有很多藏身之处的舒适小屋。

1 在花园里找一块平坦的土地。

2 在地上堆放砖块，开始搭建地基，然后将木箱、托盘和旧木板一层层码好。

3 将所有缺口填满，留下更多舒适的角落和缝隙，方便虫子活动。你可以使用以下材料：

- 脱落的树皮和枯木
- 干树叶
- 稻草
- 细树枝
- 苔藓
- 羽毛
- 冷杉球果

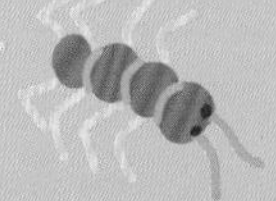

蝙　蝠

蝙蝠是一类毛茸茸的小型哺乳动物。白天，它们倒挂在巢穴中，晚上很活跃。当你在户外探索时，很有可能看到它们飞过夜空，觅食昆虫。在城镇，要当心在路灯周围飞来飞去的蝙蝠，它们个头儿很小，而且飞得很快。蝙蝠不会在刮风或下雨时飞行，因此在静谧、潮湿的夜晚最适合观察它们。

有些蝙蝠比你的手掌还小，和一块糖一样重！

英国有很多种蝙蝠，以下是一些你可能在野外能见到的种类。

长耳蝠的大耳朵功能很强大，有助于它们辨别方向，在飞行时避开障碍物。

宽耳蝠个头儿中等，面部很像哈巴狗。

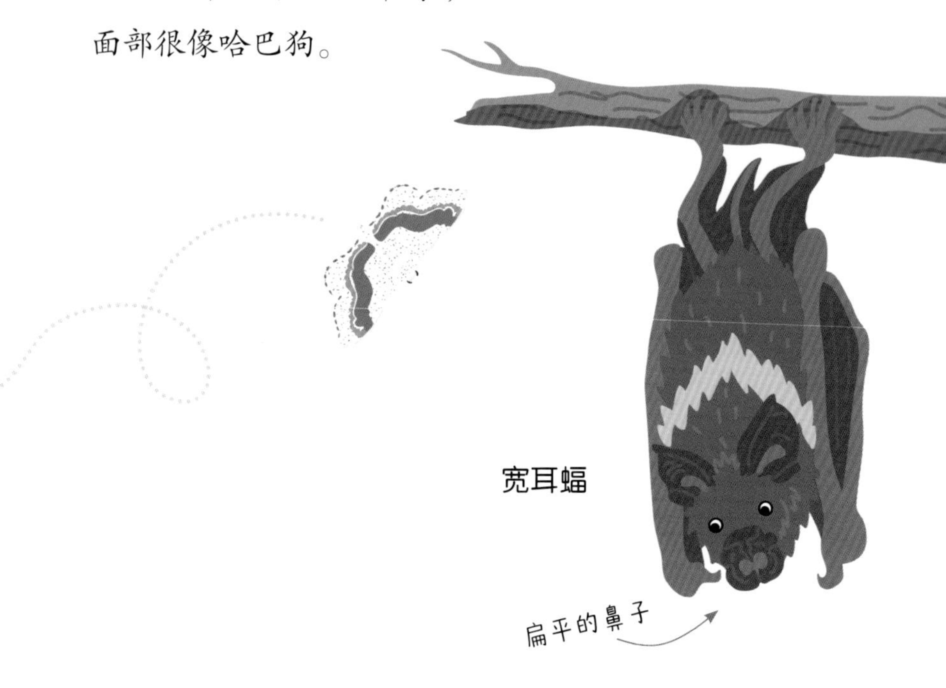

褐山蝠尽管还没有你的手掌大，却是英国最大的蝙蝠之一，有时会在白天出现。

水鼠耳蝠也被称为水蝠，因为它们喜欢在水面上低飞，捕食昆虫。

须鼠耳蝠嘴边长着长长的毛，看上去毛茸茸的。

猫头鹰

猫头鹰又被称为鸮。大部分猫头鹰在夜间活动，你常常会在看到它们之前就听到它们的声音。它们经常出现在树林、公园和花园里，有时也会在天空中飞翔，搜寻猎物。

仔细观察仓鸮，你会发现它的脸盘是心形的，后背和翅膀是浅褐色的，腹部是白色的。

在夜晚，猫头鹰的叫声非常刺耳。事实上猫头鹰的种类很多，每一种的叫声都不同。仓鸮长而怪异的叫声，听起来就像在草地上滑行时所发出的声音一样。

灰林鸮是英国最常见的猫头鹰，它们的个头儿和鸽子差不多，黝黑的眼睛周围有一圈深色的羽毛。

灰林鸮的叫声非常有代表性，不过在六七月份，它们会变得非常安静。雌灰林鸮发出突突的声音，雄灰林鸮会用喔喔的声音来回应。如果你听见灰林鸮发出“突突——喔喔——”的声音，那是它们在聊天呢！

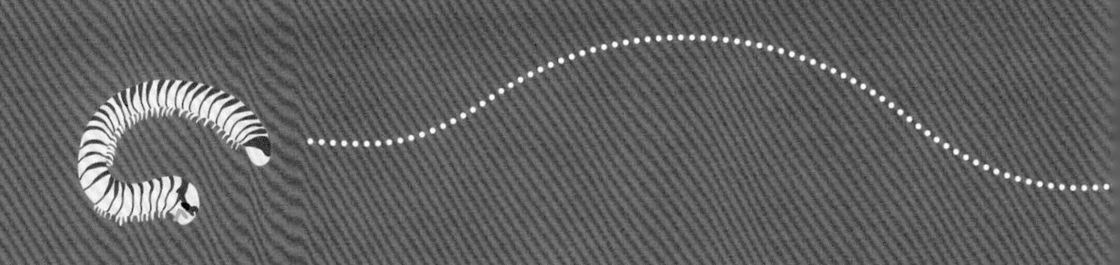

你很有可能在空旷的乡间而不是在树林里找到猫头鹰。它们还会飞过你的头顶，追捕田野里的老鼠、田鼠和鼩鼱。

雪鸮非常罕见，不过如果你在苏格兰，有可能会看见。它们几乎全身是雪白的，非常美丽，在夜晚很醒目。

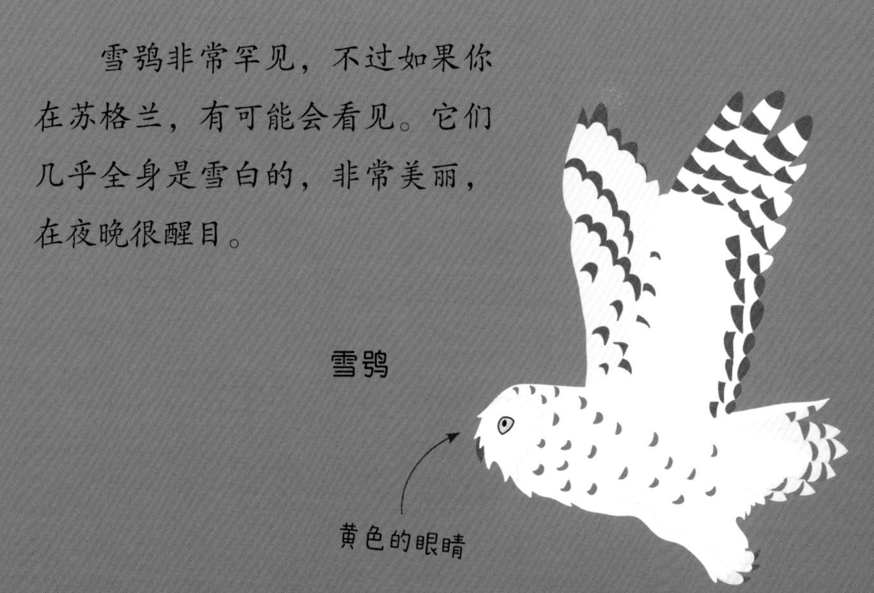

长耳鸮非常害羞，你得仔细寻找才有可能发现它们。长耳鸮羽毛的颜色和树干的颜色很接近，这叫作保护色，有助于它们隐藏自己。

纵纹腹小鸮的个头儿很小，通常栖息在树枝上、电线杆上，或者岩石上。它们会发出尖锐的克克克声和单调的呼呼声。

夜莺与夜鹰

如果你运气好，还可能在春夏季节听到其他夜行性鸟类的叫声。

在野外，听见夜莺的叫声比看见一只夜莺更容易，不过你只有在4~6月才能听到它们的叫声。虽然夜莺也会在白天唱歌，但是你更容易在天黑后听到它们的歌声。它们的歌声里夹杂着许多高音和低音，非常动听。

夜莺非常害羞，行踪隐秘。它们浑身是棕色的，喜欢躲藏在茂密的灌木丛中，因此很难被发现。

虽然夜鹰是夜行性动物，但在黎明和黄昏，它们也会在荒野上捕食蛾类和其他大型飞行昆虫。夜鹰的羽毛呈斑驳的灰褐色，这意味着它们在白天能很好地躲藏在树上。

夜鹰会发出怪异的呼噜声，有时能连续打呼噜长达5分钟。

两栖动物

夜晚也是寻找青蛙、蟾蜍、蝾螈等两栖动物的好时机。两栖动物光滑的皮肤上没有羽毛或鳞片，在阳光的照射下，很快会变干燥。所以，它们通常会为了躲避阳光而在温度较低的夜晚活动。

如果你在池塘或湿地边漫步，尤其是雨后，可能会听见青蛙和蟾蜍的叫声。在气候温暖的地区，一年中最适合观察两栖动物的时期是雨水多的季节。为了吸引伴侣，两栖动物会发出很大的叫声。

蝾螈喜欢光，因此，只要你将手电筒照向池塘的水面，静静地等待，就有可能发现它们。

请注意观察下面这些两栖动物。

发光动物

有些动物会发光，因而在夜晚更容易被发现，这种发光的现象叫作生物发光。你在草地附近，留意那些微弱的光线，有可能发现萤火虫！这类甲虫通常会在白天躲起来，到了夜晚，雌萤火虫会爬到高高的草叶顶部，腹部开始闪闪发光，以吸引雄性。

寻找萤火虫的最佳地点是那些草木繁盛之处，尤其是靠近地面、隐秘黑暗的地方。假如附近有池塘、河流或湖泊，更容易发现萤火虫。在夏季，你很有可能会看到它们，但要想捉到它们并不容易。

除了萤火虫，有些昆虫、蜘蛛和蠕虫也可以在黑暗中发光，一些鱼和鱿鱼能在黑暗的深水中发光。光能诱捕猎物，同时还能照亮前进的方向。

世界各地的夜行性动物

世界各地都有夜行性动物，它们会在天黑后才外出捕猎。下面是一些来自世界各地的夜行性动物。

狼、豺等犬科动物都在夜晚捕猎。和狐狸一样，它们会利用灵敏的大鼻子寻找猎物。它们的嗅觉比人类的灵敏50倍。

浣熊的视力很好，爪尖非常敏感。它们会用长长的前脚趾寻找食物。

一些哺乳动物有特殊的育儿袋，比如袋鼠、树袋熊和袋獾，它们被统称为有袋类动物。它们大部分是夜行性动物。树袋熊白天会睡觉，晚上会吃桉树叶。

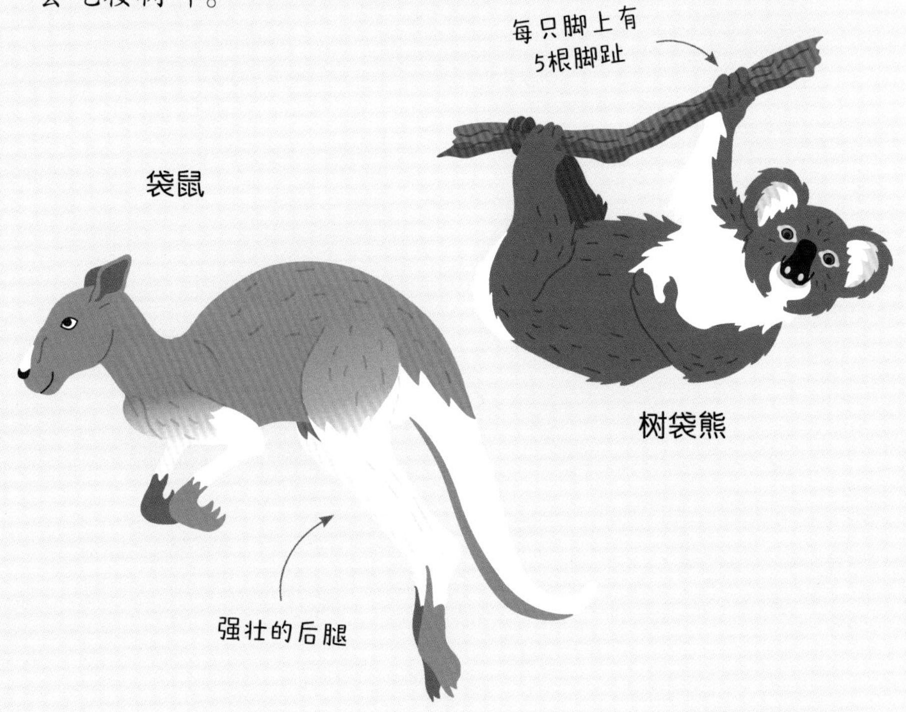

袋獾在夜晚动静很大，而且攻击性强。当它们被惊扰时，会发出尖锐刺耳的叫声。

粉色的耳朵在
生气时会变红

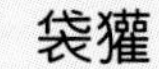

眼镜猴

眼镜猴是一种生活在热带雨林、长相奇特的夜行性动物。大眼睛能帮助它们在夜晚发现昆虫。

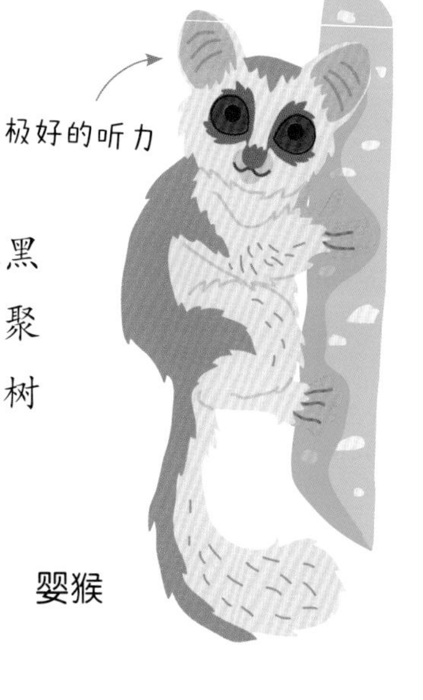

婴猴

婴猴也有大大的眼睛，因此在黑暗中也能看得很清楚。白天，它们聚集在树洞里，到了晚上，它们会在树枝上跑来跑去，寻找食物。

壁虎

在气候炎热的国家，爬行动物通常会等太阳下山后才出来活动，因为这时天气更凉爽，它们脆弱的皮肤不会被烈日灼伤。它们的大眼睛能帮助它们在黑暗中看得很清楚。

许多昆虫在夜间活动，因此那些捕食昆虫的哺乳动物也会在夜间活动，比如土豚、犰狳和穿山甲。

植　物

夜间盛开的花

当你夜晚在户外活动时，可能会闻到浓浓的花香。很多植物往往会在太阳下山后散发出更浓郁的香气，因此这些花也可以算得上是“半夜行性”的！

这些散发浓郁香气的花大部分是浅色或白色的，这能让昆虫在黑暗中更容易发现它们。它们在月光下很美。花园里大量的夜香型花朵也会吸引很多夜行性动物，比如蛾类和蝙蝠。

以下是一些能吸引蛾类、帮助你装扮夜晚花园的开花植物。

醉鱼草

茉莉

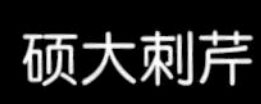

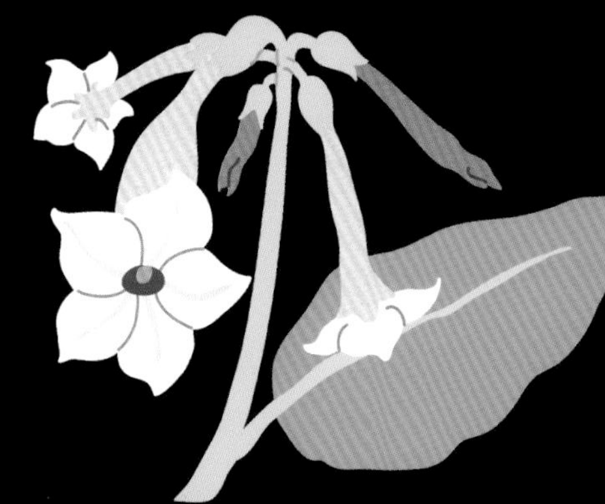

花烟草

金银花

紫藤

马鞭草

菜蓟

月见草的花瓣白天紧闭，黄昏绽开。

夜 空

在夜晚，有趣的不仅仅是野生生物。如果你仰望夜空，也会感觉非常有趣！

月 亮

当你在夜晚探索自然时，不可能不关注月亮。但是，月亮并不是每晚都能看到，因为它一直在围绕地球公转。随着它的转动，我们能看到它被太阳反射的光照亮的部分。月亮的引力会对地球上海洋的潮汐产生影响。

有时，想要看到月亮并不容易——或许是因为乌云密布，或许是月亮被建筑或山丘挡住了。如果你住在城市里，想看月亮最好去一个视野开阔的地方。

在天气晴好的夜晚，你可以试着分析一下月相。开始记月亮日记吧，每天晚上，你可以画出月亮的形状，记录月相的变化，持续记录一个月的月相。

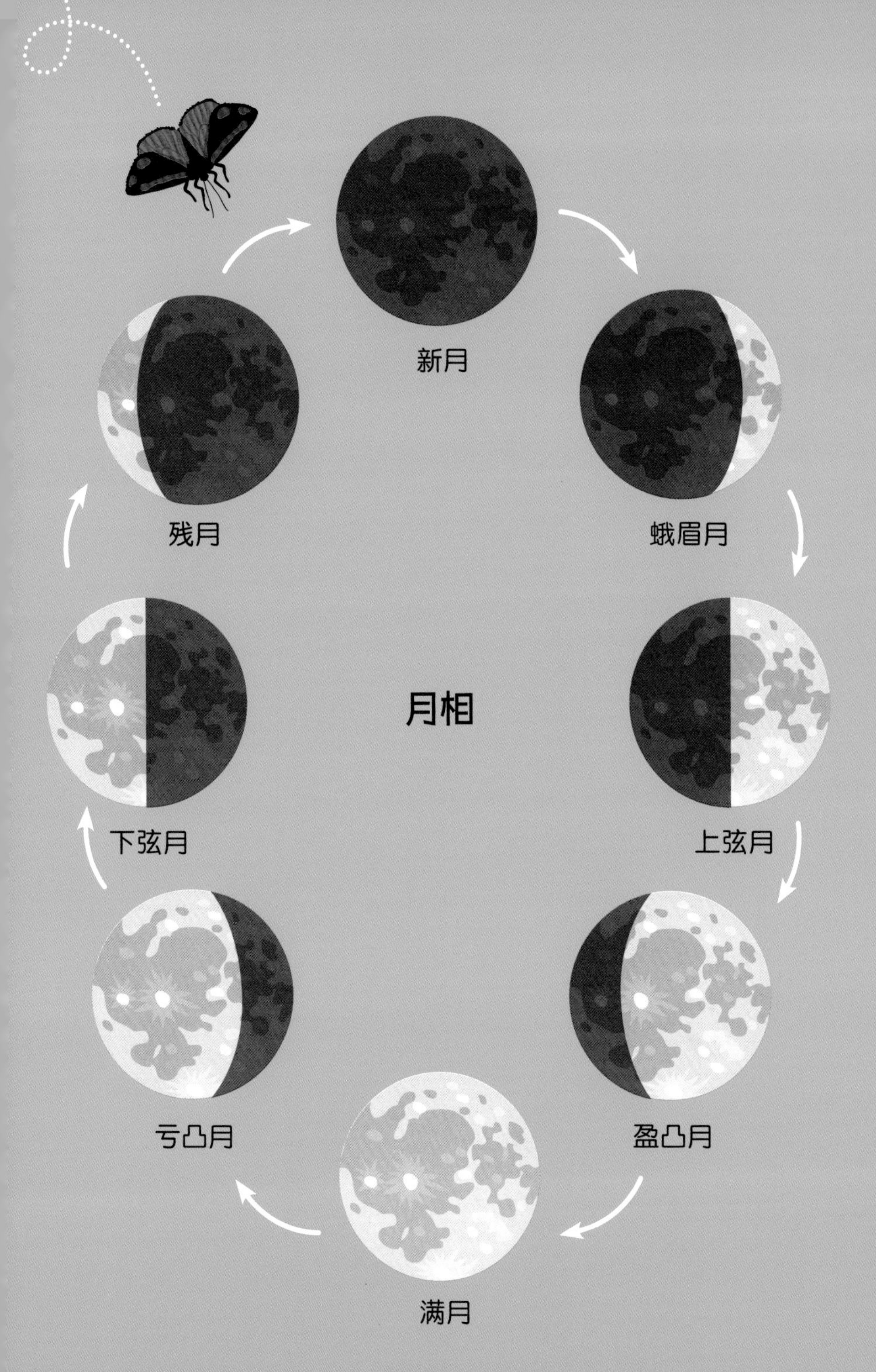
新月
蛾眉月
上弦月
盈凸月
满月
亏凸月
下弦月
残月
月相

观测星空

在夜空中，除了月亮，还有很多天体。如果观测条件好，你就能看见夜空中有成千上万颗闪闪发光的小星星，甚至还能发现神秘的星球！

大大小小的恒星组成了各种各样的星座。借助星图，你可以找到不同的星座。独自寻找星座可能有点儿难，因此你需要大人的帮助。如果你有望远镜，就可以更好地观测星座。有些星座连成的图案像人物、动物或物品的轮廓，这样更容易被发现和记住。

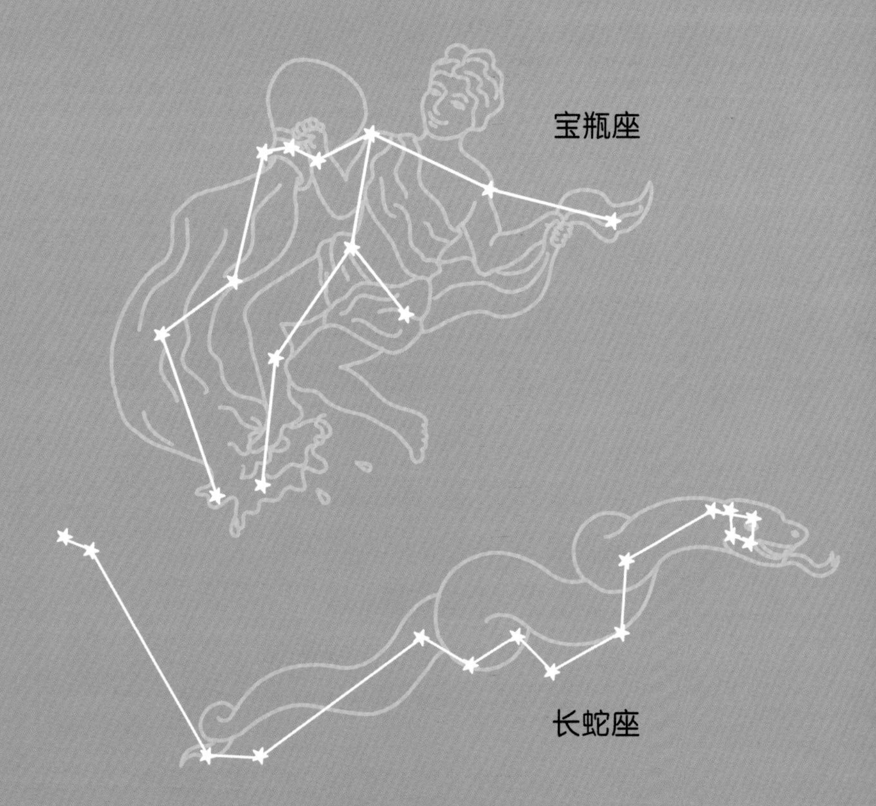

巨蟹座
猎户座
狮子座
白羊座

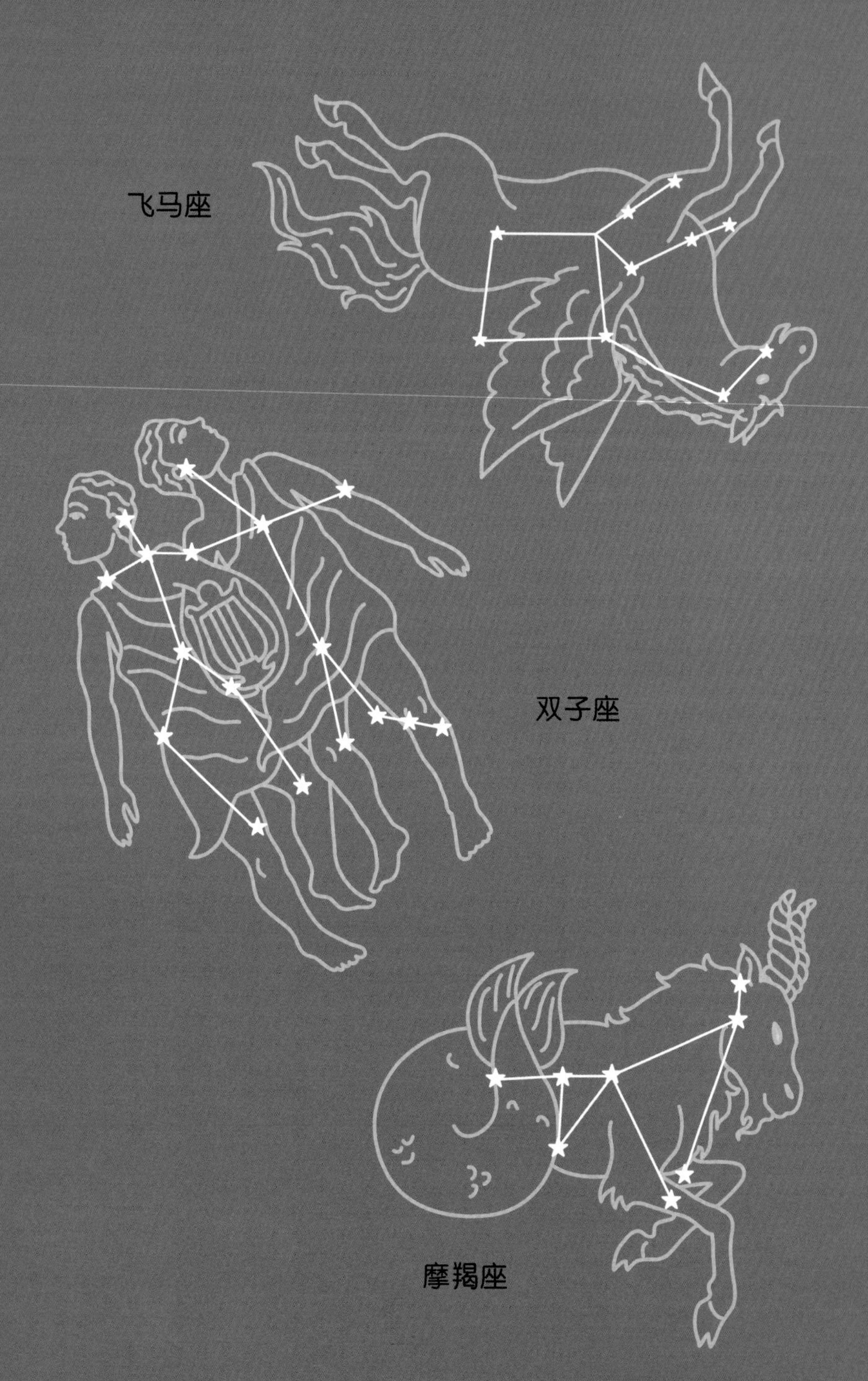
飞马座
双子座
摩羯座

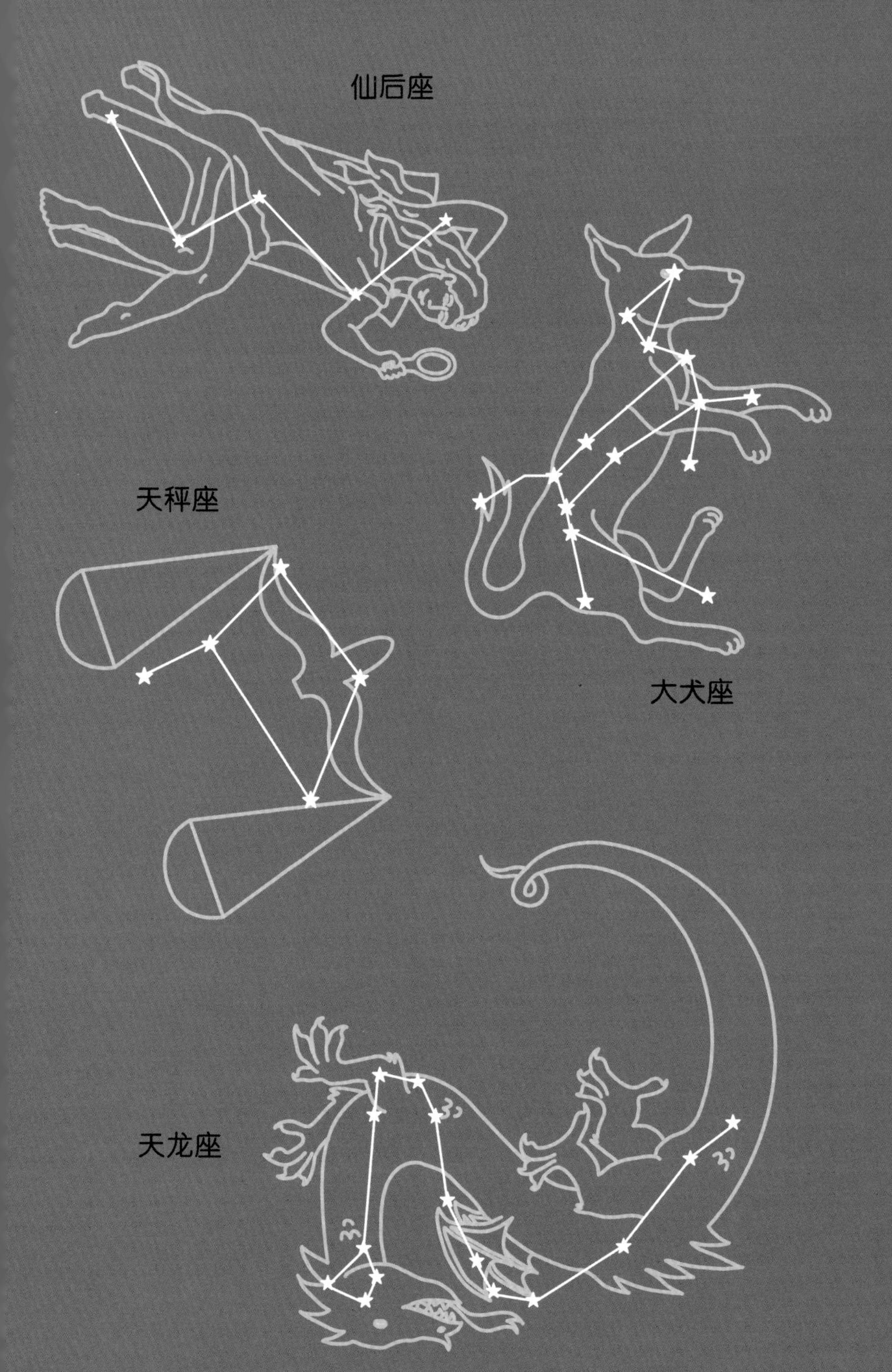
仙后座
大犬座
天秤座
天龙座

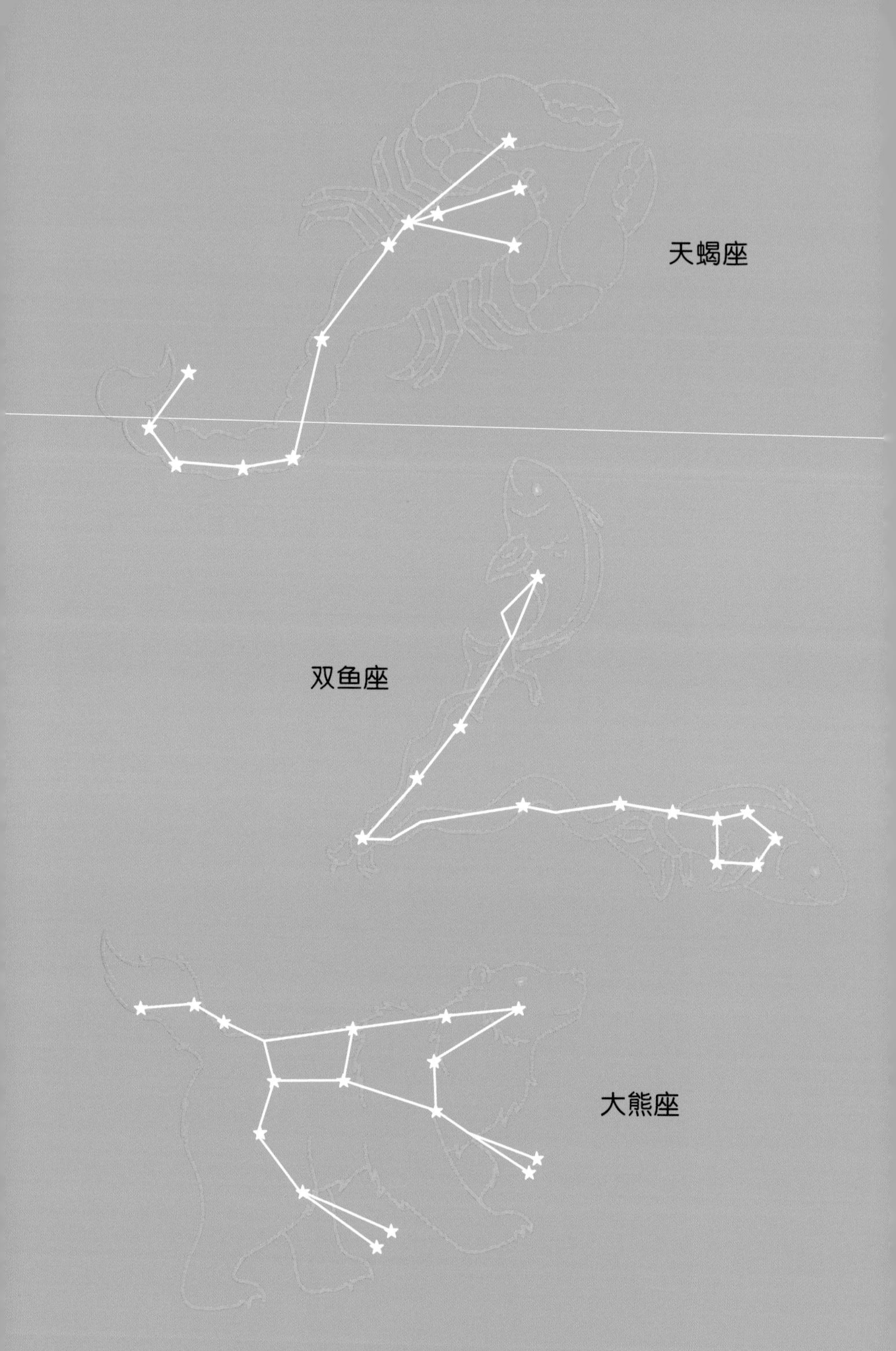
天蝎座
双鱼座
大熊座

人马座

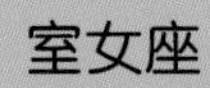
室女座

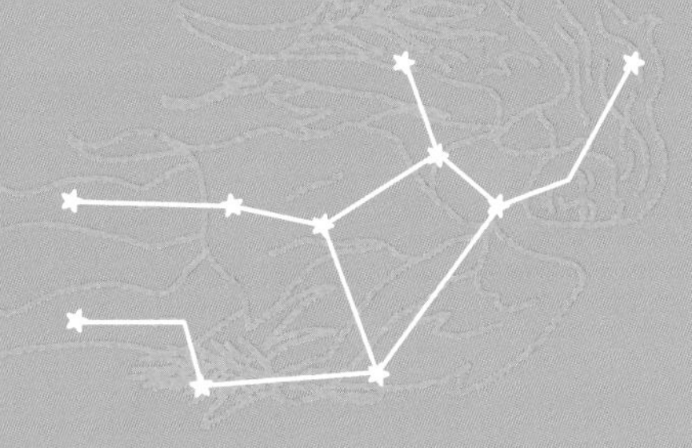

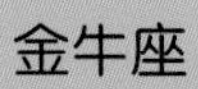
金牛座

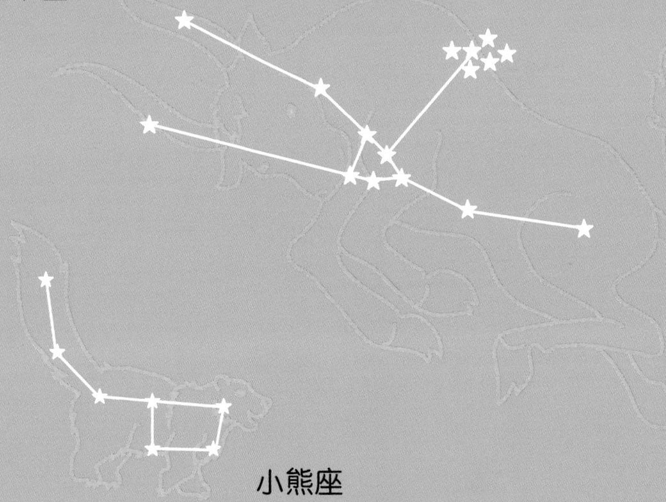
小熊座

夜间活动

感官图

我们之所以能够感知周围的事物，是因为能调动五种感官。这五种感官是眼、鼻、耳、手和舌。如果其中一种感官不起作用，那么其他感官会取代它或者变得更强大。当外面很黑时，你不会像白天时看得那么清楚，但其他四种感官会变得更灵敏，从而弥补视觉上的缺陷。

你可以在黑暗中尝试一种趣味活动，随身带一张纸、一支铅笔，去一个你熟悉的地方。一路上，你可以记录感受到的任何特殊的声音、气味或触感，将你关注的事物和感觉联系起来，画一张感官图。然后，你可以在白天再去夜里去过的地方，看看还能不能根据感官图找到相应的事物。

动物也和人一样。一些夜行性动物的视力不太好，但嗅觉通常很灵敏。所以，不要在刚洗完泡泡浴或者喷了气味浓郁的香水后外出，不然动物可能在几千米外就能闻到你身上的气味。

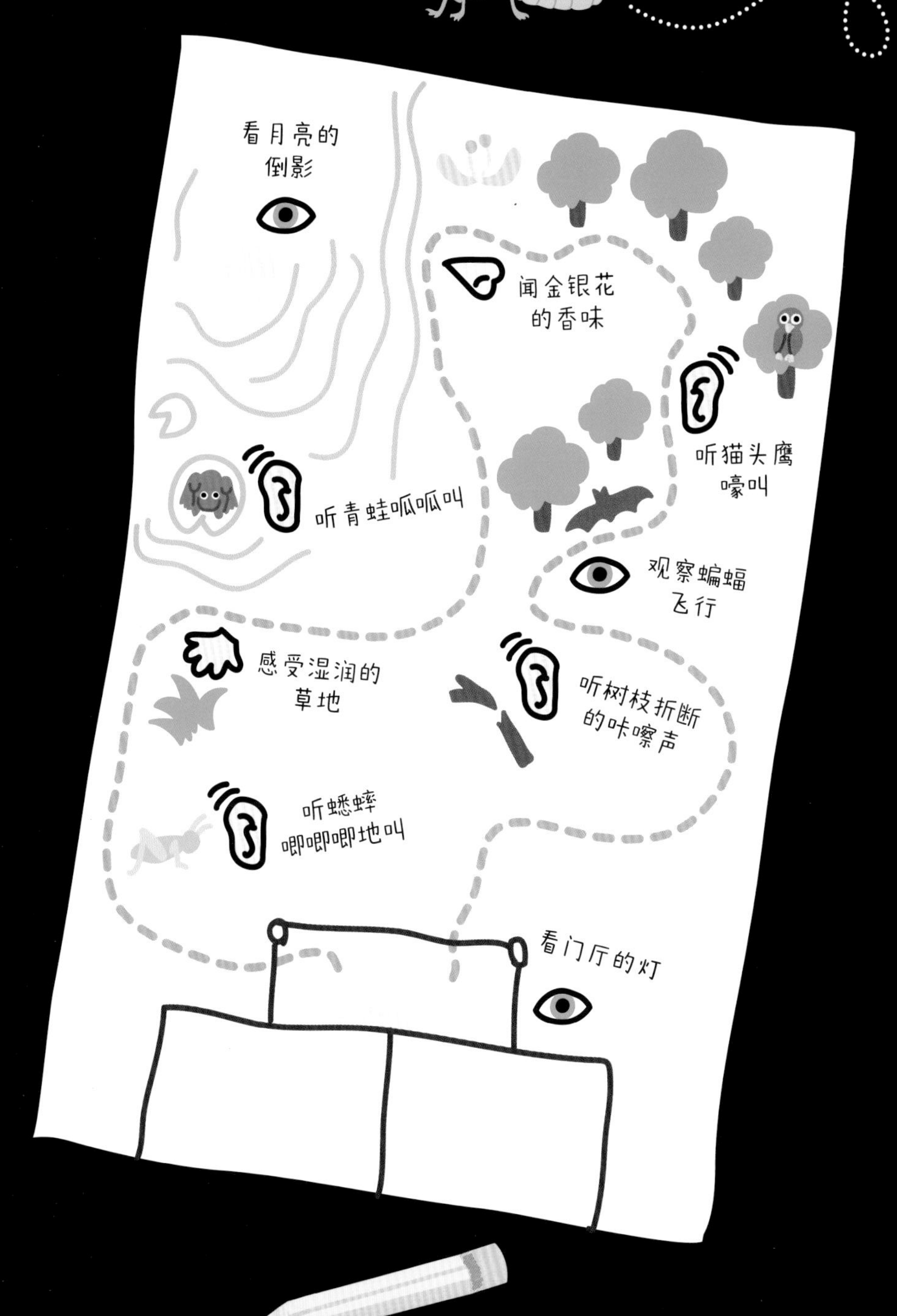
看月亮的
倒影
闻金银花
的香味
听猫头鹰
嚎叫
听青蛙呱呱叫
观察蝙蝠
飞行
感受湿润的
草地
听树枝折断
的咔嚓声
听蟋蟀
唧唧唧地叫
看门厅的灯

夜间游戏

不管你是为了寻找野生生物，还是为了开心玩乐，夜晚去户外都令人激动。下面是一些夜晚在户外可以玩的游戏。

1 捉迷藏

在黑暗中捉迷藏意味着你能找到许多很好的藏身之处。在游戏中，寻找者可以用手电筒来寻找躲起来的小伙伴们。

2 沙丁鱼游戏

这个游戏和捉迷藏有点儿像，但只需一个人藏起来，其他人闭上眼睛，从1数到20；然后，寻找者分头寻找躲藏者；一旦找到躲藏者，寻找者就要和他藏在同一个地方，直到只剩下最后一个寻找者为止。

3 讲故事

夜晚是充分发挥想象力和讲故事的最佳时机，故事可以是有趣的、真实的，或恐怖的！轮流讲讲亲身经历的事，或者和朋友们一起编故事。故事可以由某个人开始讲，然后由其他人依次补充情节，直到故事结束。

4 “奶奶”的脚步

一位小朋友被选作“奶奶”，与其他小伙伴们分别站在花园的两端，小伙伴们悄悄地靠近“奶奶”。当“奶奶”听到脚步声后，将手电筒照向谁，谁就必须回到起点。谁第一个碰到“奶奶”的肩膀而不被抓住，他就是胜利者。

5 发光颜料

不管在何时何地，绘画都是一件有趣的事。如果使用发光颜料，夜晚的户外绘画会变得更有趣。你可以画一画月亮和星星，或者可以画一些你在散步时发现的生物。

6 蝙蝠与蛾子

游戏开始前，先要围成一个圈。围成圈的人都被称为“树”。站在圆圈内的一个人将被蒙住眼睛，扮演蝙蝠，另外一些人扮演蛾子。当“蝙蝠”喊“蝙蝠、蝙蝠、蝙蝠”的时候，“蛾子”要喊“蛾子”作为回应。“蛾子”需要待在圆圈内躲避“蝙蝠”，而“蝙蝠”需要通过不断呼喊确定方位，去抓住“蛾子”。当“蝙蝠”要撞上“树”的时候，“树”可以大声喊“树”来提醒他。你还可以让更多的“蛾子”加入，给“蝙蝠”带来更大的挑战！

夜间探索大闯关

1 “黄昏”是什么？

A. 狐狸粪便

B. 日落以后天黑以前的时间

C. 蛾子翅上的花纹

2 以下哪种哺乳动物不是夜行性动物？

A. 田鼠

B. 獾

C. 松鼠

3 这些摩斯密码“– – –　· – –　· – · ·”是哪种动物的英文名称？

A. 猫头鹰

B. 狐狸

C. 猫

4 当刺猬害怕时会怎么办？

A. 缩成一个球

B. 静静地仰躺

C. 逃跑

5 你应该喂刺猬吃什么？

A. 面包

B. 黄粉虫

C. 牛奶

6 照膜有什么作用？

A. 标记动物的领地

B. 将蛾子吸引到白布上

C. 让猫的眼睛在黑夜里发光

7 以下哪种不是蛾类？

A. 酸橙天蛾

B. 犀牛天蛾

C. 红天蛾

8 蛾类会被什么吸引？

A. 光

B. 热

C. 水

9 昆虫有几只足？

A. 4

B. 6

C. 8

10 蝙蝠吃什么？

A. 面包

B. 昆虫

C. 叶子

11 哪一种是英国最常见的猫头鹰？

A. 灰林鸮

B. 雪鸮

C. 长耳鸮

12 哪种夜行性鸟类会发出诡异的呼噜声？

A. 仓鸮

B. 夜莺

C. 夜鹰

13 哪种植物的花瓣会在白天紧闭，黄昏绽开？

A. 醉鱼草

B. 月见草

C. 金银花

14 一群群的恒星组合叫什么？

A. 星型

B. 星座

C. 望远镜

参考答案：1.B 2.C 3.A 4.A 5.B 6.C 7.B 8.A 9.B 10.B 11.A 12.C 13.B 14.B

术语表

两栖动物
是一类有脊柱的、水陆两栖的变温动物。它们的幼体用鳃呼吸，经过变态发育，成体用肺呼吸，皮肤辅助呼吸，比如青蛙、蟾蜍。

保护色
一种能够帮助动物融入环境的体表颜色。

指南针
一种带有磁针、用来指示方向的工具。

星座
天上一群群的恒星组合。

黄昏
日落以后天黑以前的时间。

摩斯密码
一组由短信号和长信号构成的代表特定字母和数字的密码，信号可以通过声音或光线传递。

引力
存在于任何物体之间的相互吸引的力。

栖息地
众多动物或植物生活的一种特殊场所，如山区或林地。

冬眠
某些动物在寒冷的冬季休眠。

无脊椎动物
背侧没有脊柱的动物，比如昆虫和蠕虫。

动物“家庭厕所”
一些动物集中排便的地方。

哺乳动物
最高等的脊椎动物，靠母体分泌乳汁哺乳幼崽。

月相
指人们所看到的月亮表面发亮部分的形状。

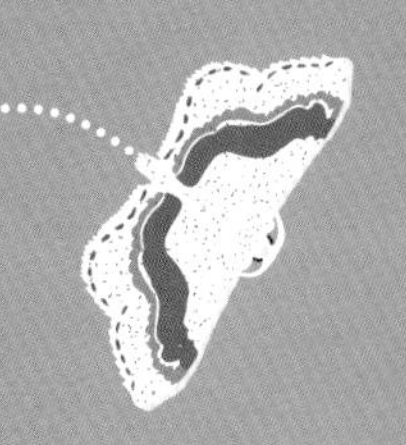

夜行性

在夜间活动。

捕食者

捕捉其他动物为食的动物。

被捕食者

被其他动物捕食的动物。

獾穴

獾的地下洞穴。

物种

特定的某种生物。

啮齿动物

哺乳动物中的一种。它们上下颌只有1对门齿，喜啮咬较坚硬的物体；门齿仅唇面覆以光滑而坚硬的珐琅质，磨损后始终呈锐利的凿状；门齿无根，能终生生长。

踪迹

行动所留的痕迹。

脊椎动物

一类有脊椎骨的动物，如哺乳动物、鸟类、爬行动物，两栖动物和鱼类等。

索 引

小小户外探索家

找虫子

教孩子认识近100种虫子

[英] 罗宾 · 斯威夫特 / 文　[英] 汉娜 · 爱丽斯 / 图
常凌小 / 译

China Peace Publishing House

图书在版编目（CIP）数据

小小户外探索家. 找虫子 / (英) 罗宾 · 斯威夫特文;
(英) 汉娜 · 爱丽斯图 ; 常凌小译. -- 北京 : 中国和平
出版社, 2021.7
书名原文: Out and About: Minibeast Explorer
ISBN 978-7-5137-2073-1

Ⅰ. ①小… Ⅱ. ①罗… ②汉… ③常… Ⅲ. ①自然科
学—儿童读物②昆虫—儿童读物 Ⅳ. ①N49②Q96-49

中国版本图书馆CIP数据核字(2021)第136581号

小小户外探索家　找虫子

[英] 罗宾 · 斯威夫特 / 文　[英] 汉娜 · 爱丽斯 / 图
常凌小 / 译

出品策划　大眼鸟文化
责任编辑　周智芳
排版制作　楠竹文化
责任印务　魏国荣
出版发行　中国和平出版社（北京市海淀区花园路甲13号
7号楼10层　100088）
www.hpbook.com　hpbook@hpbook.com
出 版 人　林　云
经　　销　全国各地书店
印　　刷　小森印刷（北京）有限公司
开　　本　889mm×1194mm　1/32
印　　张　5
字　　数　88千字
版　　次　2021年7月第1版　　2021年7月第1次印刷
书　　号　ISBN 978-7-5137-2073-1
定　　价　98.00元（全2册）

目 录

什么是虫子

你有没有试过搬开一块木桩，看看下面都藏了哪些小动物？或者走进你家的后院，仔细观察树叶和土壤深处有什么？无论你在哪里，天气如何，只要仔细观察，就都能发现虫子的身影。

虫子是一类小型无脊椎动物。有的虫子有柔软弯曲的身体，比如蚯蚓；有的虫子有坚硬的外壳，比如甲虫，这层外壳称作外骨骼。

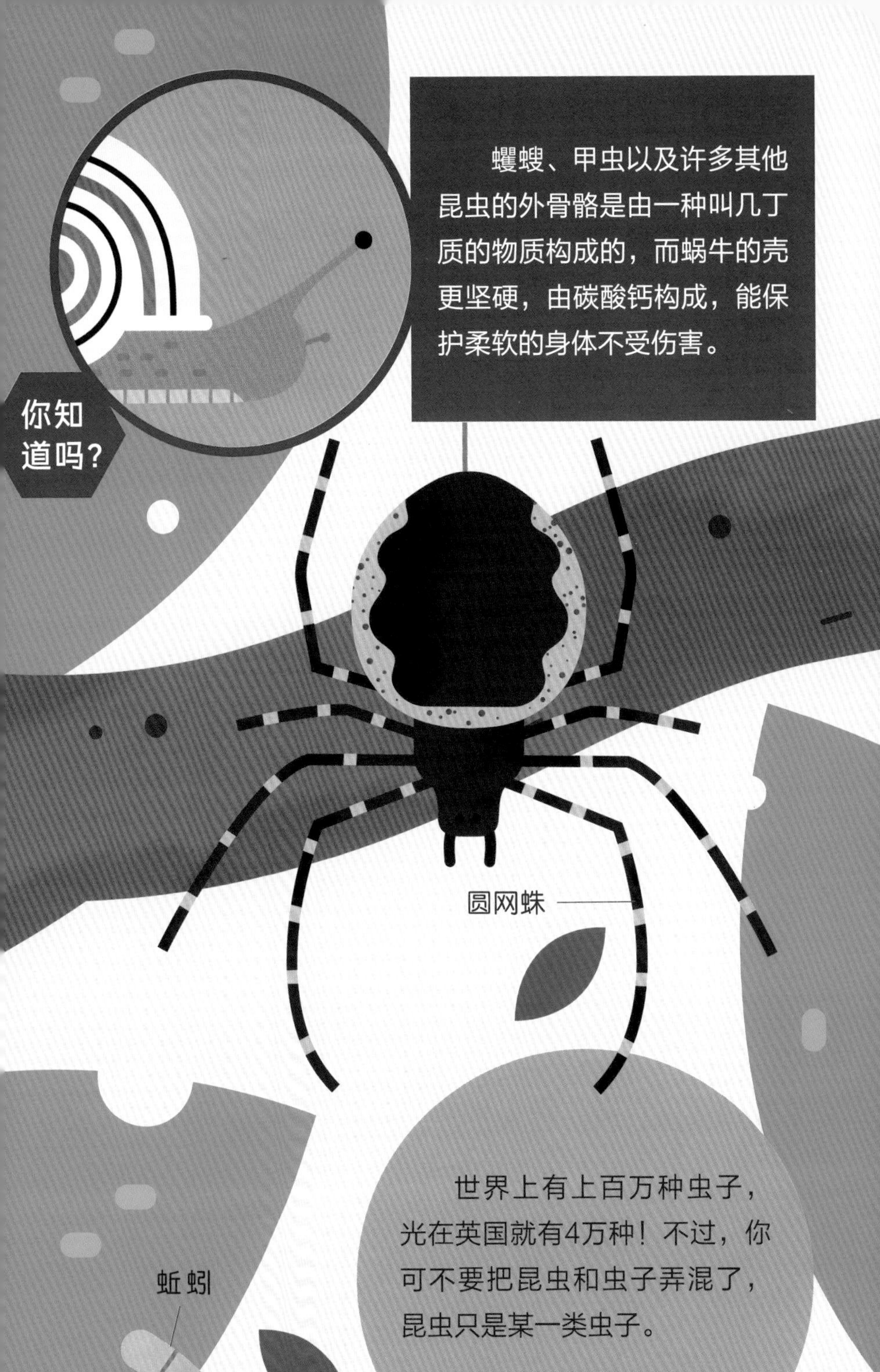

世界上有上百万种虫子，光在英国就有4万种！不过，你可不要把昆虫和虫子弄混了，昆虫只是某一类虫子。

昆虫结构图解

昆虫的身体由头、胸和腹三部分组成。许多昆虫都长着翅，所以它们会飞。

许多昆虫长着复眼，复眼由许多小眼组成。

昆虫的头部长着各种感觉器官，比如眼睛、触角和口器。

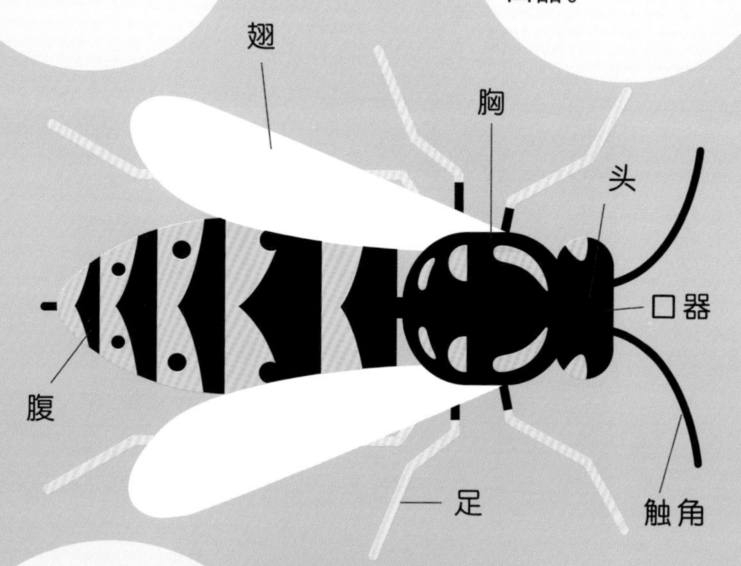

昆虫的胸部（身体的中间部分）长着3对足。如果昆虫有翅，也会长在胸部。

昆虫的触角可以感知气味和声音，触感物体；口器用于进食，可以撕咬、咀嚼、穿刺和吮吸。

当你发现了一只虫子，想知道它属于哪一类时，可以先数数它有几只足，这样你就能判断它是不是昆虫了。

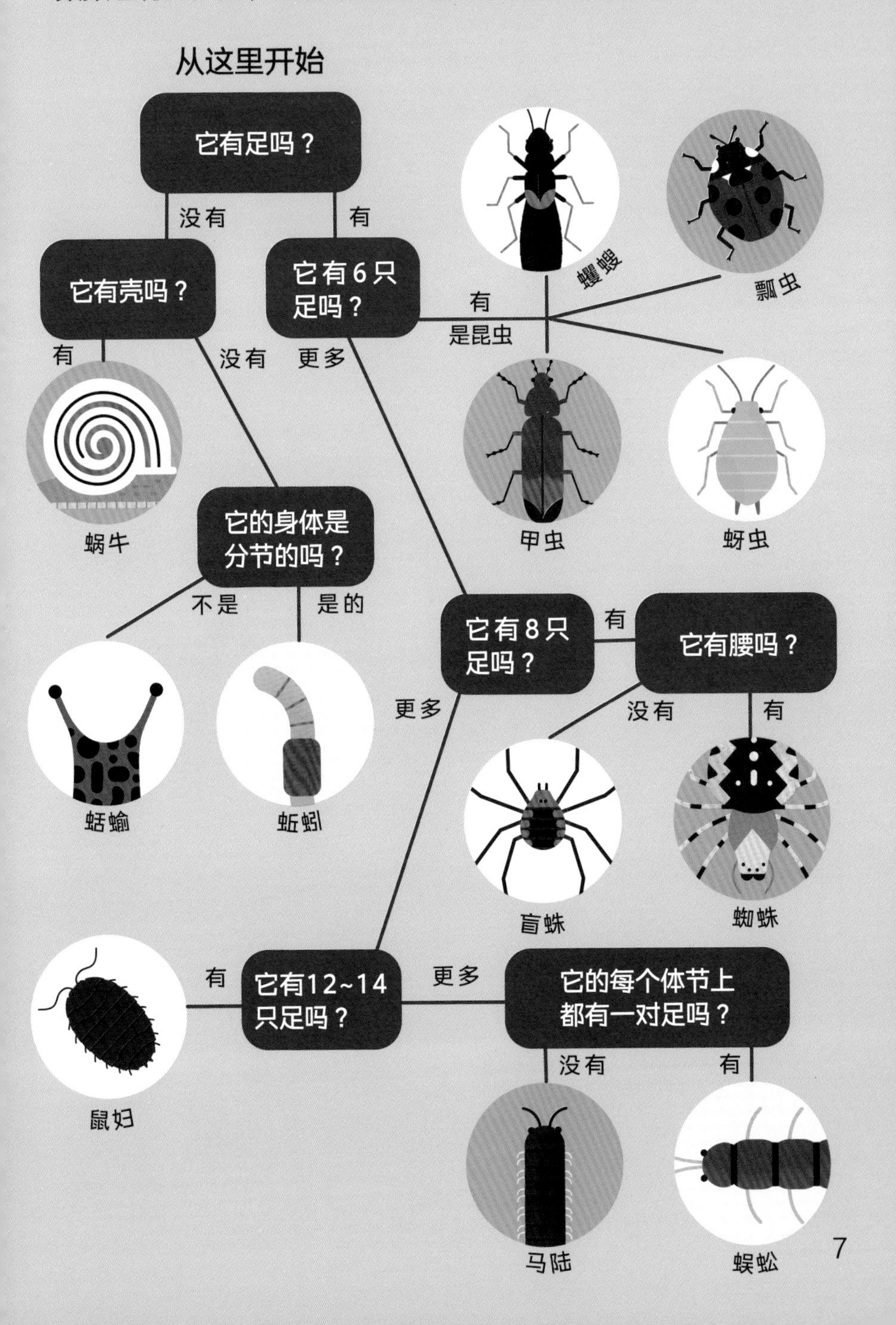

找虫子须知

当你寻找虫子时，为了不伤害虫子（或自己），请注意以下事项！

因为虫子的个头儿实在太小了，你得靠近一点儿，才能看清它们的一举一动。你可以用虫子放大镜来观察，它能把虫子放大2～3倍，让你看清更多细节。如果你想观察得更仔细，可以用手持放大镜，它能把物体放大约10倍。

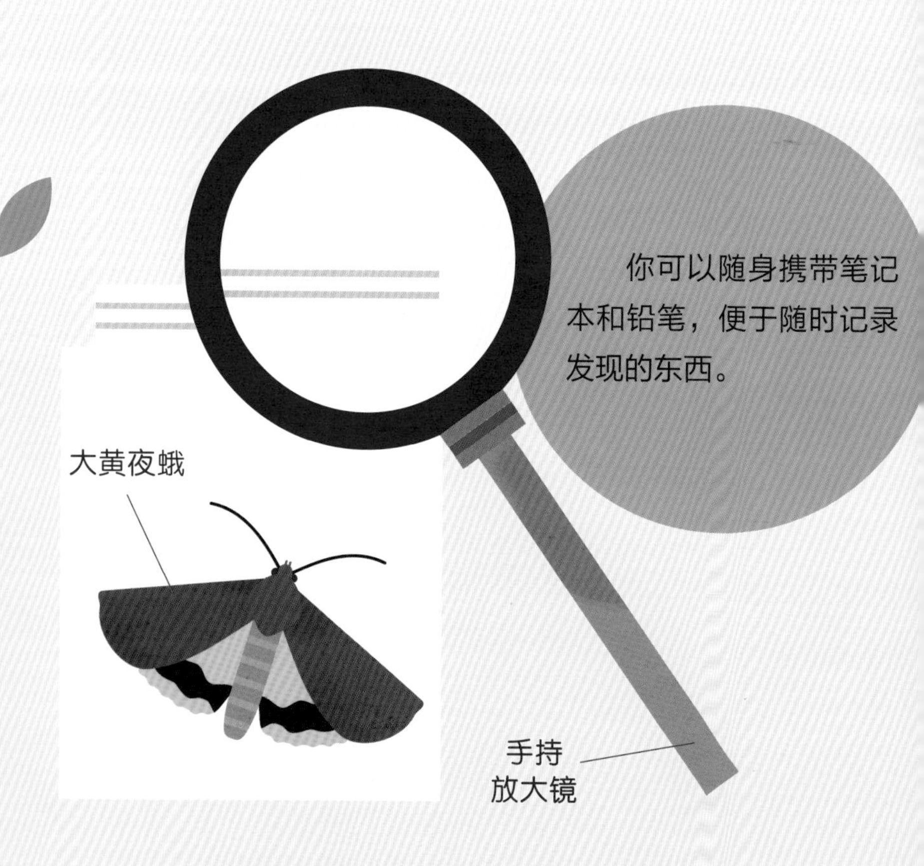

1 你需要一个装虫子的器。空果酱瓶或者干净的塑料桶都是不错的选择。

一定要在瓶盖儿上留一些通气的小孔（可以请大人帮忙，用图钉扎孔），并在瓶子底部铺上厨房纸巾。

2 不要直接用手摸任何虫子，除非你确定虫子不会伤害你。你可以用镊子轻轻夹起虫子，或者用软毛刷慢慢推动它，观察它们如何活动。

3 观察完虫子后，记得把它们放回原处。

4 先用棍子拨开石头或树枝，避免被藏在角落里的虫子咬伤或蜇伤。

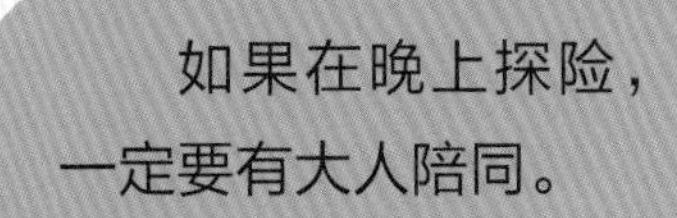

如果在晚上探险，一定要有大人陪同。

虫子的家在哪里

虫子遍布陆地、天空和水里。除了最寒冷的地区，地球上到处都有它们的身影。虫子会寻找有食物和水的地方居住，那里就是它们的栖息地。

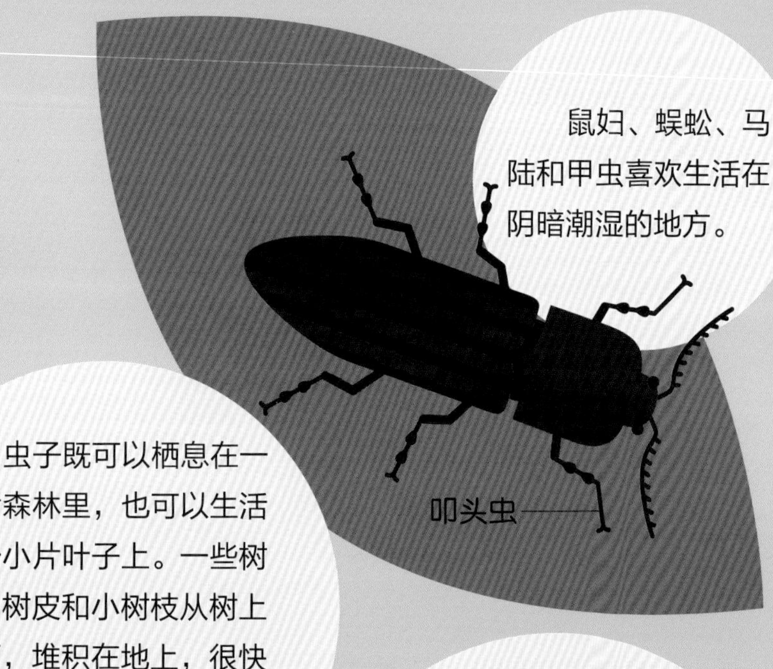

鼠妇、蜈蚣、马陆和甲虫喜欢生活在阴暗潮湿的地方。

虫子既可以栖息在一大片森林里，也可以生活在一小片叶子上。一些树叶、树皮和小树枝从树上落下，堆积在地上，很快会腐烂，在这些地方很容易发现虫子的身影。

毛毛虫和蚜虫喜欢生活在树上或灌木丛中，因为那里有充足的食物。这些虫子都是伪装高手，能让自己“隐身”于树叶间，以防被鸟吃掉。

凤蝶毛毛虫

天气晴朗的日子，你会在草丛中看到一些昆虫在飞舞，比如蜜蜂和蝴蝶，它们在花朵中觅食。不过，那里也可能会有蜘蛛出没，它们经常躲在草丛中或者石头下面。

你的家里也会有虫子出没！有时，苍蝇和蚊子会从敞开的门窗飞进来，而蜘蛛通常藏在黑暗、幽静的角落里。

许多虫子喜欢生活在淡水中，因此我们经常会在池塘和溪流中看到它们。它们有的栖息在水面上，有的潜入水中游泳。有时，你还能看到蜻蜓这类昆虫在天空中飞。

小心，浴室里可能也有蜘蛛！有时它们无法爬上光滑的侧壁，很可能被困在浴缸或水槽中。

虫子吃什么

许多虫子只喜欢吃植物，因而被称为食草动物。它们尤其喜欢吃叶子，有的也吃果实、花蜜和花粉。不过，它们需要时刻小心，防止被其他食肉的虫子吃掉，那些虫子往往更强大凶猛。

食草动物

蝗虫和毛毛虫这类昆虫的口器很特殊，可以磨碎坚韧的绿叶。蛞蝓和蜗牛的舌头叫作齿舌，像布满细小牙齿的传送带，能将食物搅碎。

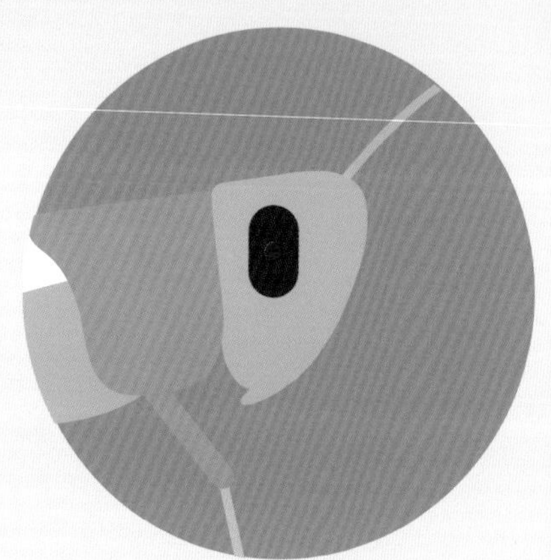

蝗虫的口器

蚜虫的口器

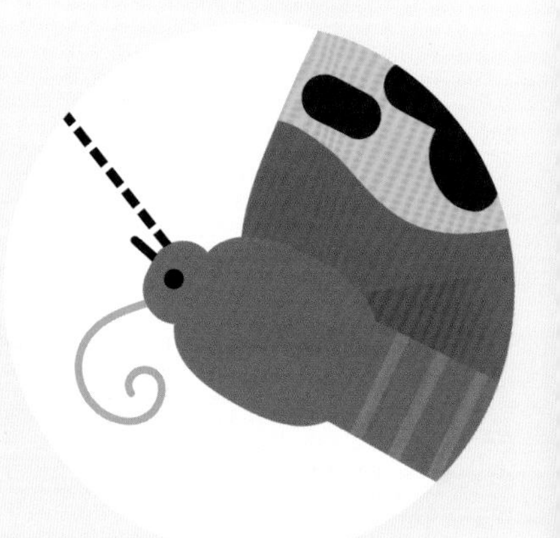

蝴蝶的口器

蚜虫这类昆虫有特殊的口器，可以刺穿植物的茎来吸食汁液。

蝴蝶和蛾有细长的口器，能从花蕊或者腐烂的果实中吸食蜜汁。

食肉动物

蜘蛛通过织网来捕猎；甲虫则借助长而灵活的足在夜间奔跑，追捕猎物。它们都有锋利的颚，能吃掉比它们弱小的虫子。

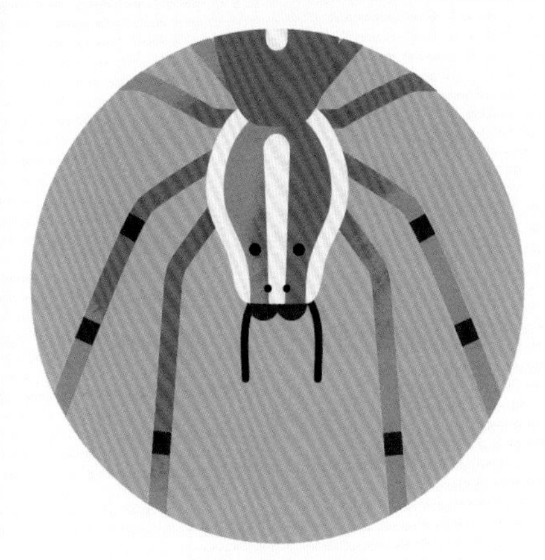

蜘蛛的颚

有些虫子既吃植物，也吃动物，属于杂食动物，比如蚂蚁、苍蝇和黄蜂。

虫子会被更大的食肉动物吃掉，比如鸟、蜥蜴、黄鼠狼、獾和狐狸。食草动物吃植物，食肉动物吃食草动物，生物之间的这种捕食关系叫作食物链。自然界的每种动物都是食物链中的一环。

你知道吗？

食物链

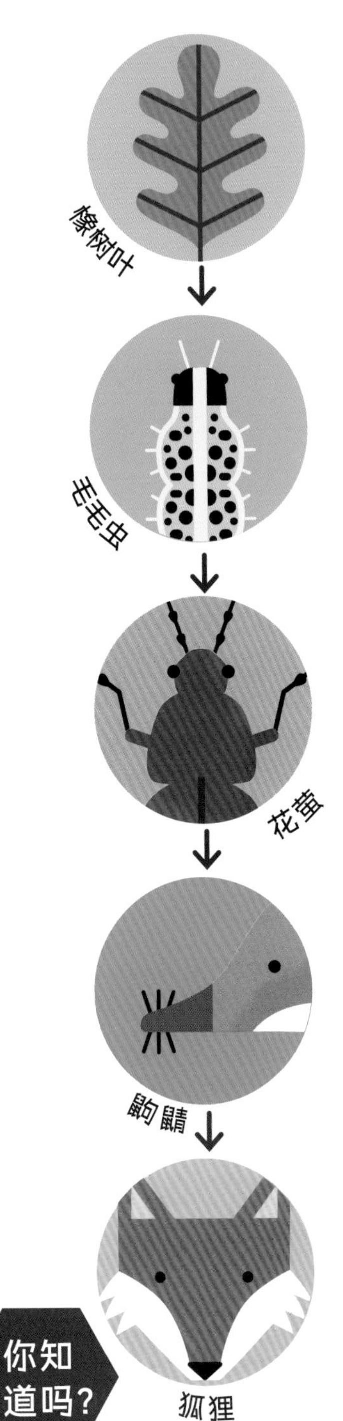

会飞的虫子

人们有时把虫子称为爬虫，是因为它们在地上爬行和蠕动的样子令人印象深刻。不过，也有很多昆虫长着翅，可以在空中飞。

飞行中的瓢虫

放大看！

昆虫的翅并不都是一样的。仔细观察，你会发现苍蝇只有1对翅，而大多数昆虫有2对翅。

如果你近距离观察草蛉的翅，会看到上面有交叉的纹路。这种结构让草蛉的翅更坚固，并且上下拍打时不会变形。

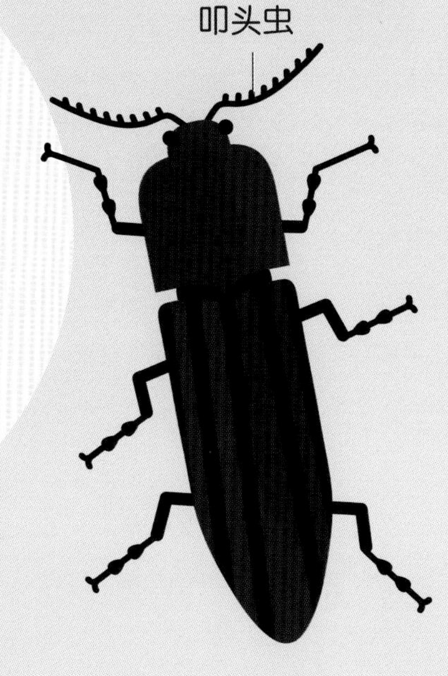

甲虫的前翅很坚硬，像罩子一样覆盖在后翅上。这样当它们四处爬动时，后翅不容易受伤。不过，这也意味着它们起飞时需要几秒钟时间来做准备，因此，一旦遇到饥饿的捕食者，它们会马上逃跑，而不是飞走。

苍蝇

和甲虫不同，苍蝇几乎可以立刻飞起来。因此，当它们在房子里盘旋，发出烦人的嗡嗡声时，很难被你打中。

虫子夜行记

夜晚出没的虫子和白天的一样多。你得想办法才能找到它们！石块和木桩下面很黑，当你搬开它们的时候，会看到许多夜行性虫子；还有些行踪更隐秘的虫子，晚上你必须打开手电筒才能发现它们。

告诉你一个诱捕夜行性虫子的好办法：晚上在地上挖一个简易的陷阱，第二天白天，你去检查陷阱时，能更仔细地观察里面的虫子。

如果想诱捕更多好玩的虫子，你可以在花园里多挖几处陷阱。

1. 找一块松软的土地，挖一个洞，将一个塑料杯埋在洞里，使杯口和地面齐平。

2. 在杯底放一些枯叶，方便虫子藏身。你也可以放一些吸引虫子的食物，比如肉、奶酪或者水果。

3. 在杯口周围的地面上放一些石块，再在石块上垫上瓦片或者木板，防止雨水渗入陷阱。

4. 第二天早上再去检查，看看有没有动物落入陷阱里。

5. 捉住动物后，请用放大镜仔细观察它们，然后将它们放生。

虫子和花

昆虫是虫子中数量最多的一类，它们经常出现在花园里，绕着花飞来飞去。花有吸引昆虫的地方，比如花蜜。花蜜是一种富含能量的糖浆，是昆虫喜欢的食物。有的昆虫会在花上交流，有的会把花当作诱捕猎物的陷阱。

昆虫也能帮助花，它们会将花粉从一朵花传播到另一朵花上，让植物结出种子。

苍蝇和甲虫这类昆虫喜欢盛开的、花瓣平整的花朵，不需要很长的舌头就能很容易吸食到花蜜。苍蝇尤其喜欢气味浓郁的花朵——尽管我们觉得有些花的气味并不好闻。

蝴蝶和蛾类的口器很长，不过，它们的翅太大了，所以它们不能像蜜蜂那样爬进花里。这类昆虫偏爱味道甜甜的、有很多细小管状花朵的植物，比如醉鱼草。

蜜蜂和胡蜂的舌头也很长，可以从管状或者铃铛一样的花中吸食花蜜，比如金鱼花、蔷薇和柳穿鱼。雌性蜜蜂也吃花粉，它们在花朵里觅食时，会用刚毛收集花粉，再把花粉放入腿部特殊的“花粉篮”中，带回蜂巢。

一年四季里的虫子

很多虫子都是变温动物，不能像人类一样保持恒定的体温。因此，虫子会通过晒太阳来取暖。在花园里有阳光的角落、石头和木块上，或者植物的顶部，你都能发现晒太阳的虫子。

蝴蝶在晒太阳时，会展开它们的翅，让身体吸收更多热量。你可能会在清晨看到这一幕，因为它们要为新的一天热身。

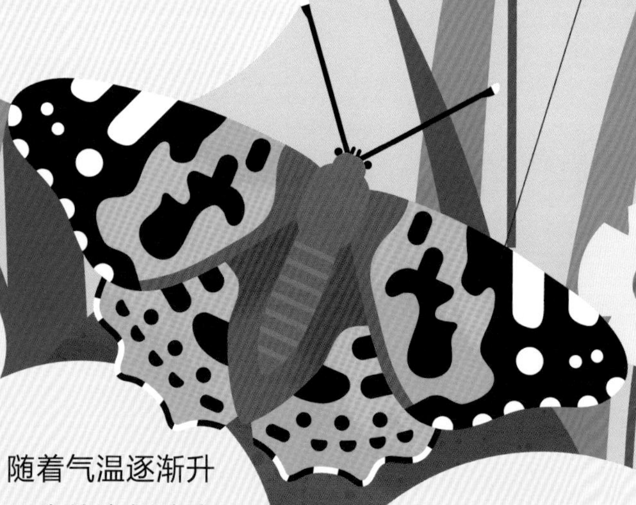

小红蛱蝶

随着气温逐渐升高，昆虫的生长速度也会加快。因此，夏天是虫子们最忙碌的时候。

温暖的环境让昆虫更活跃，因而它们更难被捉到。当天气变冷时，它们的活动速度会变慢，有时甚至一动不动。

许多虫子会在冬天冬眠，等待温暖的春天到来。有的虫子会以卵或者蛹的形态过冬。它们会待在温暖隐蔽的地方，比如肥料堆或者木材堆里。当然，你也可以帮它们搭一个冬眠的窝。

这个窝可大可小，最好留一些空隙，方便虫子们爬来爬去。

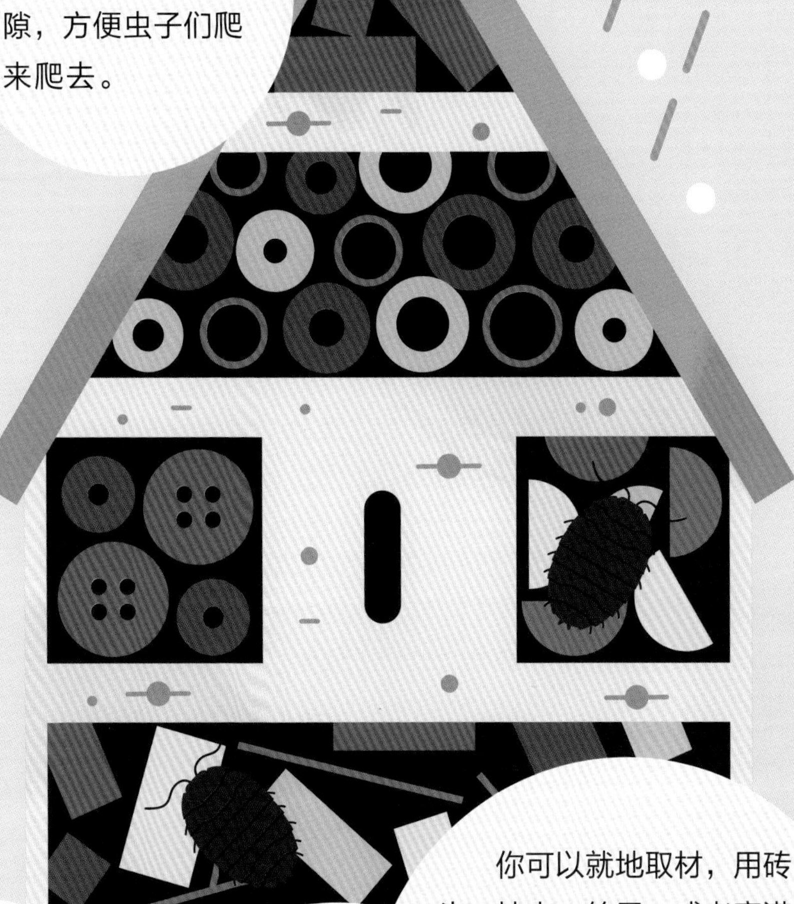

你可以就地取材，用砖头、枯木、竹子，或者塞满干草的花盆，搭出一个隐蔽的、有空隙的窝。

蝴蝶的一生

蝴蝶的一生会经历四个阶段：卵、幼虫、蛹和成虫。

1 每只蝴蝶的一生都从一颗卵开始。蝴蝶妈妈会把卵产在树叶上，这样当幼虫从卵中孵出后，就能直接吃树叶了。

卵

孔雀蛱蝶的幼虫

2 幼虫吃了很多树叶，越长越大。

3 随着幼虫逐渐长大，它会蜕几次皮，这些蜕下的皮会掉到地上。

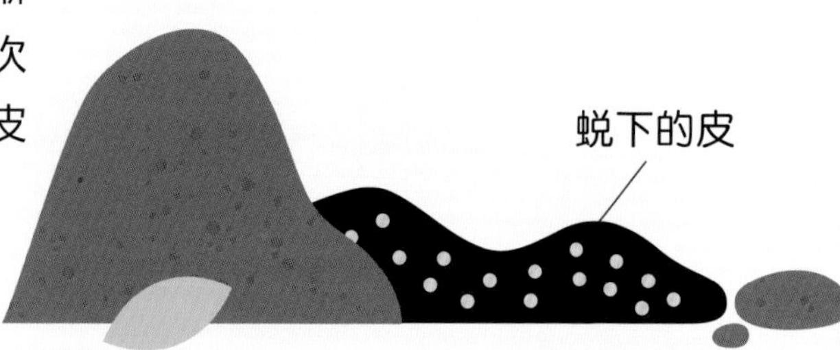

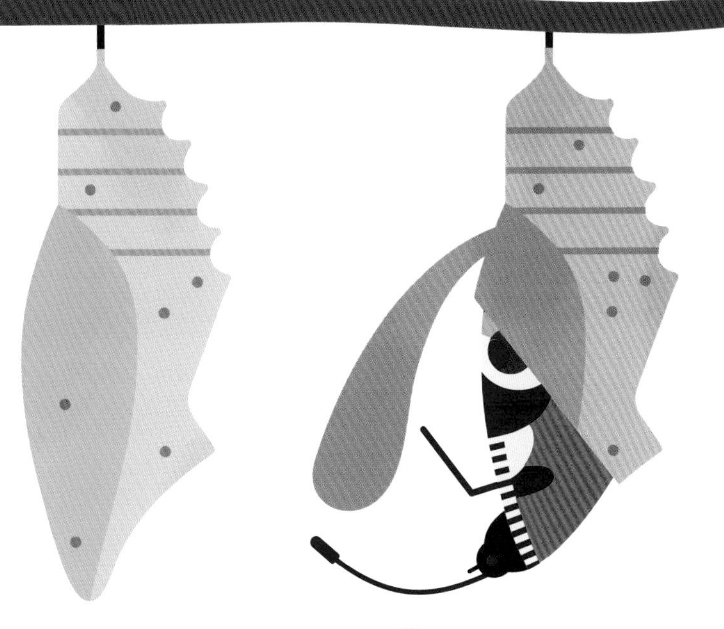

4 当幼虫的皮变成硬壳后，它会将自己包裹在里面，变成蛹。

5 大约两周后，美丽的蝴蝶就会破蛹而出。

6 当蝴蝶的翅变硬后，它就能飞走了。

毛毛虫

毛毛虫是蝴蝶或蛾的幼虫，它们身体的颜色各不相同，但通常和栖息地的颜色接近。这是一种伪装术，能帮助它们藏身，避免被小鸟或者黄蜂吃掉。

有时，当你仔细观察叶子，会发现一些毛毛虫咬过的小洞。

放大看！

凤蝶毛毛虫

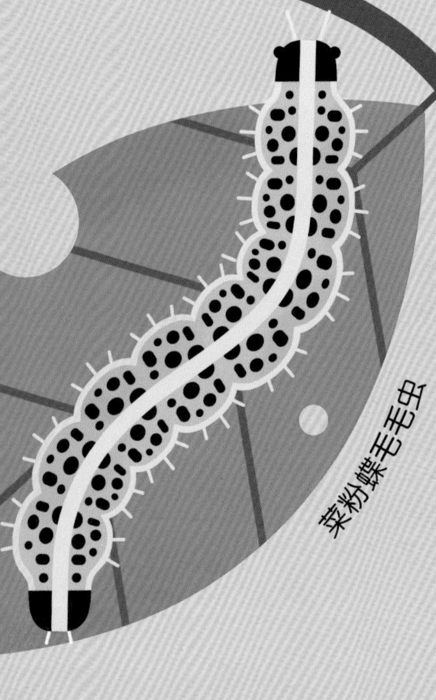

菜粉蝶毛毛虫

除了伪装自己，有些毛毛虫的身体还会散发出难闻的气味，熏走捕食者。

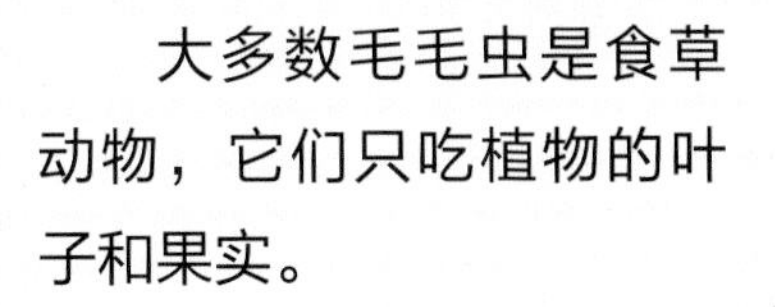

大多数毛毛虫是食草动物，它们只吃植物的叶子和果实。

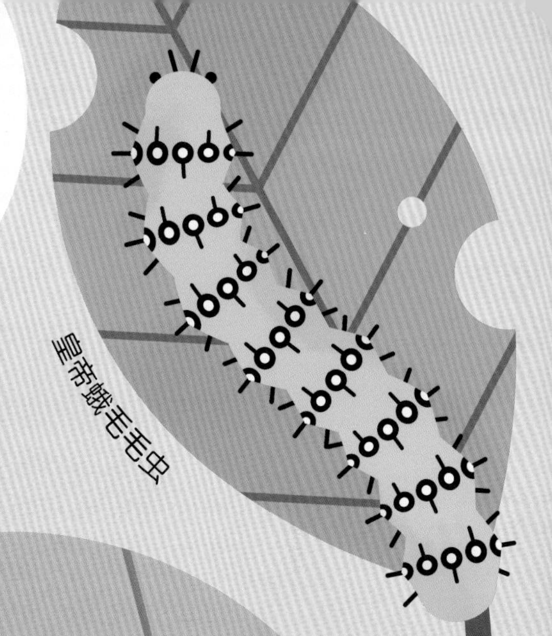

毛毛虫都是“大胃王”，吃东西又多又快，这样才能储存足够的能量，变成蛾或蝴蝶。

蝴 蝶

蝴蝶很美，但它们也很害羞。要想让它们光临你的花园，试着用水果款待它们吧——香蕉泥是不错的选择！

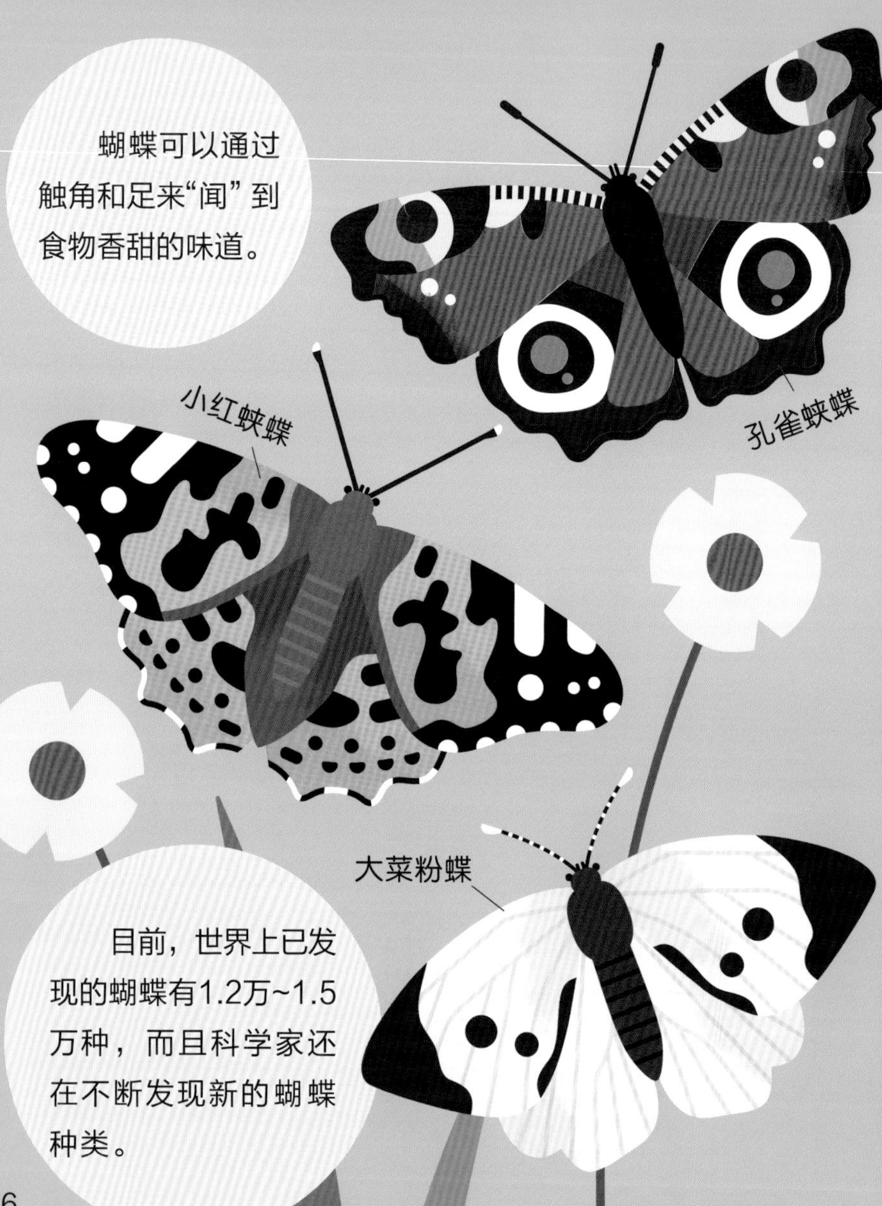

蝴蝶可以通过触角和足来“闻”到食物香甜的味道。

目前，世界上已发现的蝴蝶有1.2万~1.5万种，而且科学家还在不断发现新的蝴蝶种类。

蝴蝶的翅上布满了鳞片，每平方毫米的翅上有200~600片鳞片。

放大看！

蝴蝶长有虹吸式口器。它们吃东西时，会把口器像吸管一样伸直，吃饱后再卷起来。

蛾

尽管蛾和蝴蝶外形相似，但是区分它们还是比较容易，蝴蝶一般在白天活动，而蛾在晚上出没。

蛾通常不像蝴蝶那样色彩亮丽。它们的身体毛茸茸的，通常呈棕色、灰色或白色。不过，也有些种类的蛾是五彩斑斓的。

蛾喜欢光亮，它们经常会围着路灯飞。夏天的夜晚，如果室内亮着灯，它们甚至会从敞开的窗户飞进来。

你还可以通过观察蝴蝶和蛾的休息方式来区分它们：蝴蝶在休息时翅是合起来的，蛾则会将翅张开。

蜜　蜂

全世界约有2万种蜜蜂，它们在帮助植物生长方面发挥着重要作用。蜜蜂很勤劳，它们很少睡觉！当它们嗡嗡嗡地在植物间飞舞时，会把一株植物的花粉传给另一株植物。这个过程叫作传粉，它能帮助开花植物结出种子。

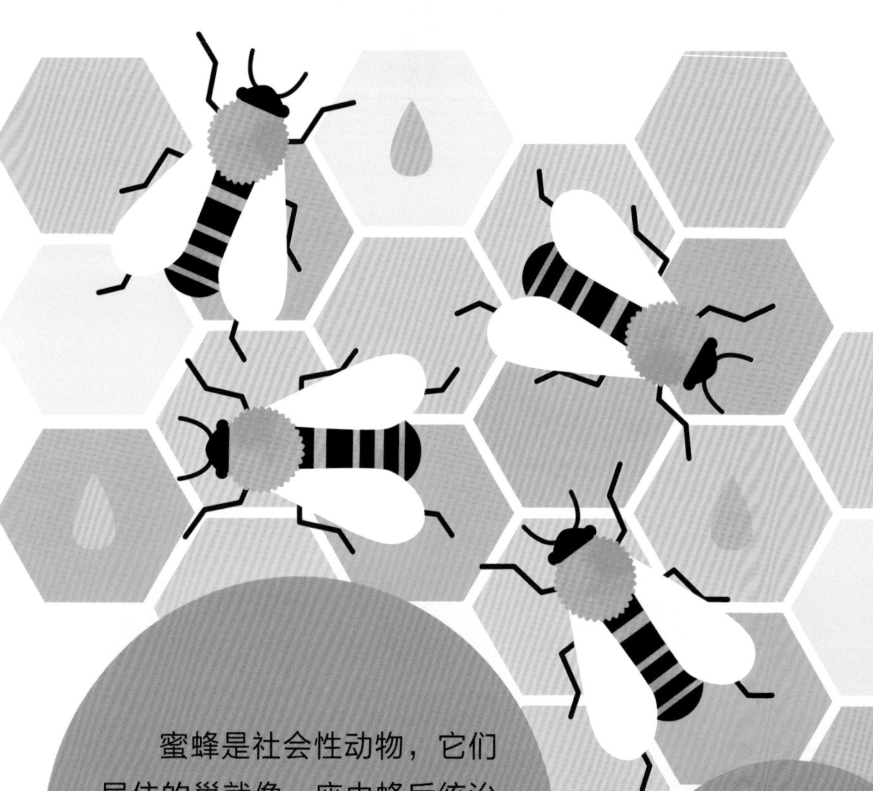

蜜蜂是社会性动物，它们居住的巢就像一座由蜂后统治的、忙碌有序的城市。蜂后负责产卵和统领蜂群，工蜂负责筑巢、照顾幼蜂和外出觅食。

蜜蜂会将花蜜酿成蜂蜜，然后存放在由蜂蜡筑成的蜂巢中。

胡蜂同样是社会性动物，群居在一起，但并非所有的蜂都这样。有些蜂很孤独，会独自生活。蜜蜂虽然并不好斗，但被招惹后会蜇人。为了保证安全，你最好和它们保持距离。

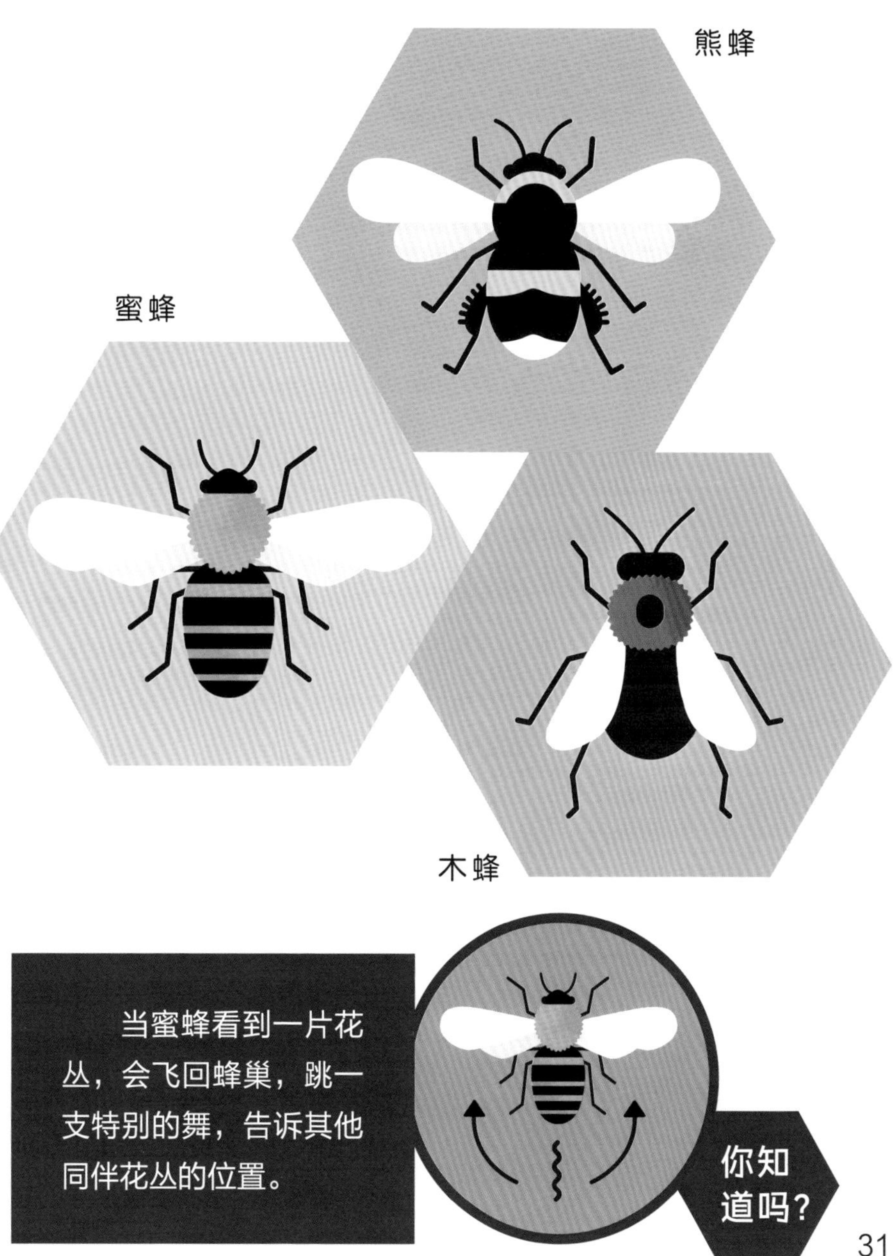

当蜜蜂看到一片花丛，会飞回蜂巢，跳一支特别的舞，告诉其他同伴花丛的位置。

胡　蜂

从远处看，很难分清蜜蜂和胡蜂，但如果你走近一点儿观察，可以用简单的方法区分它们。

蜜蜂的身体毛茸茸的，通常性情很温和，但是胡蜂有时攻击性强。和蜜蜂不同，胡蜂经常主动蜇人，所以你最好离它们远一点儿。

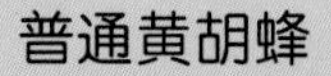

普通黄胡蜂

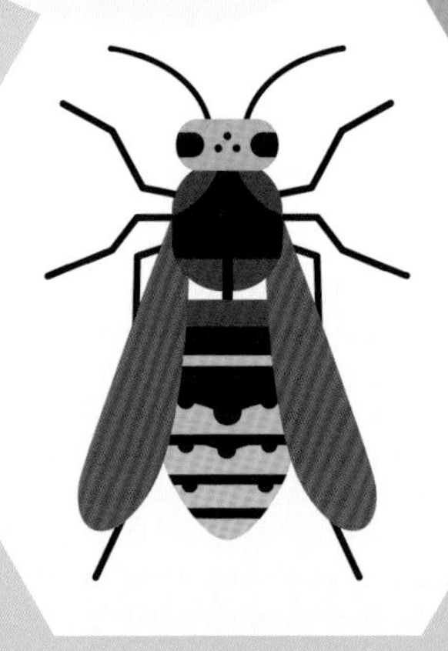

大黄蜂

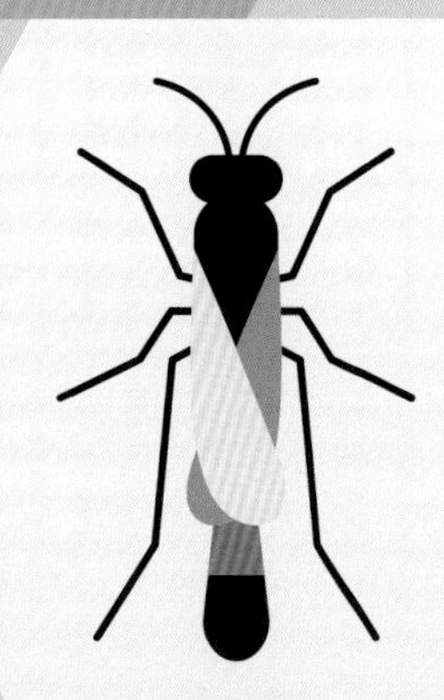

蛛 蜂

你知道吗？

大部分胡蜂活不过冬天。对于群居的胡蜂来说，通常只有蜂后会从冬眠中醒来，在春天开始繁殖新的蜂群。

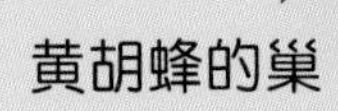

黄胡蜂

群居的黄胡蜂会用枯木筑巢。它们会收集木头纤维，将其弄碎后，与口水混合，再吐出来，涂在蜂巢壁上。千万不要靠近黄胡蜂的巢，小心被蜇伤。

和蜜蜂不同，胡蜂不仅喜欢吃花蜜，也爱吃其他昆虫，比如毛毛虫。在夏末时节，你可能会看到它们吃着剩饭菜，喝几口甜饮料。

蚂　蚁

蚂蚁是一种很勤劳的昆虫，它们群居在一起，几乎遍布全世界。从春天到秋天，它们在花园里跑来跑去的。到了严冬时节，就很难看到它们的身影了。

“小小户外探索家”系列

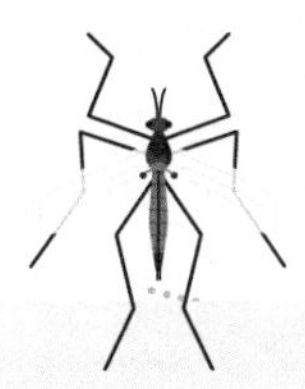

英 罗宾·斯威夫特

童书作家、编辑

她在农场和森林环绕的乡村长大，有时会在伦敦东南部的公园里观鸟。她把对大自然的热爱与探索真理的热情结合起来，创作了一些童书。

英 汉娜·爱丽斯

插画师

来自英国伦敦的插画师，2006年毕业于坎伯韦尔艺术学院。她的创作不断受到大自然、纪录片、摄影作品、日常物品和空间等的启发和影响。她喜欢探索如何交流信息和想法，尤其是如何通过游戏的过程来学习。

英 萨拉·林恩·克拉姆

插画师、平面设计师

她和考古学家丈夫、两只猫和一对乌龟住在美国佐治亚州，喜欢动物、旅行、户外探险、美食和绘画。除了本书，她曾编写了《如果你是卡卡人》《关于人体的50件事》等童书。

大眼鸟

小小户外探索家

找虫子

导读

专家导读

常凌小

孩子们触手可及的自然精灵

地球浩如烟海的生命中，有这样一类生物，已知大约有150万种，占地球生物已知物种的75%。从巍峨的高山到浩瀚的海洋，从炙热的沙漠到湿润的雨林，它们的身影几乎无处不在。为了适应不同的环境，它们或擅长跑，或擅长跳，或擅长飞，或擅长游，形态分化之大，令其他种类的生物望尘莫及。它们就是昆虫。

翩翩起舞的蝴蝶、忙忙碌碌的蜜蜂、伫立荷尖的蜻蜓、勇猛威武的甲虫，以及惹人讨厌的苍蝇和蚊子……是的，昆虫就生活在我们周围，是我们抬头不见低头见的“老朋友”。可以说，昆虫自古以来就与人类的生产和生活息息相关：有的促进了人类科技的发展，有的给人类带来了深重的灾难，有的饱受人类的偏见和误解，有的则成了一些人偏爱的另类宠物。

毫无疑问，昆虫是地球生命演化史上非常成功的一个类群。它们个体虽小，却在与大自然的博弈中所向披靡，构筑起了宏大而奇妙的昆虫王国。

我作为一名昆虫研究者，手握昆虫王国大门的钥匙，并往来其中，流连忘返。每一次研究都是充满未知的旅程，也许会收获满满，也许会狼狈不堪，但这都不能阻挡我对这个王国无限风光的痴迷。

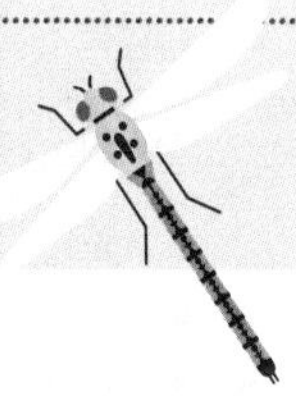

喜欢虫子的小朋友们，也许会着迷于与虫为伴的神奇旅程，那么在出发前，请记得读一读《找虫子》这本书，它将是你探索虫子世界的向导和伙伴。我在平时给孩子们讲自然知识的过程中，发现他们特别痴迷昆虫，原因是昆虫看得见摸得着。的确，对孩子们来说，巍峨的高山难以攀登，辽阔的海洋深不可测，花草树木只是“静物”，恐龙和猛犸象也早已是“过客”。孩子们了解自然的方式需要非常直观和简单，只想靠自己的双手去触碰，只想看到大自然跃然于眼前，而虫子便是他们了解自然的最佳媒介。他们喜欢看虫子飞行和爬行，了解虫子的趣事，更喜欢亲自去寻找它们的身影。

《找虫子》这本书里介绍了近100种虫子，其中大部分是昆虫，还有其他小型无脊椎动物，比如蜘蛛、蜈蚣、蚰蜒、蜗牛等。书中还教孩子们如何观察虫子，去哪里找虫子，怎么识别虫子等，相信一定会满足他们对虫子的好奇心。家长们也可以参与其中，重温儿时抓虫子、逗虫子的快乐时光，和孩子一起当一回“探险家”，共同去了解这些触手可及的自然精灵。

常凌小

译者简介

常凌小　动物学博士，北京自然博物馆科研人员，中国昆虫学会会员。主要从事昆虫学研究和相关科普工作，目前已独立发现昆虫新物种21种，并在《*Zoological Systematics*》《*Annales Zoologici*》《*ZooKeys*》等国内外知名学术期刊上发表过多篇SCI论文。参与《浙江昆虫志》《秦岭昆虫志》《中国昆虫生态大图鉴》《昆虫家谱》等多部专著的编写，是《中国生物多样性红色名录——昆虫卷》的撰写人和评估人。担任中国儿童中心特聘讲师，主讲“虫知道”系列科普课程，深受小朋友及家长的喜爱，被亲切地称为“小虫老师”。

《小小户外探索家 找虫子》

[英]罗宾・斯威夫特/文
[英]汉娜・爱丽斯/图
常凌小/译
中国和平出版社 出版

无论在哪里，天气如何，你只要仔细观察，都能发现虫子的身影。它们有的身体柔软弯曲，如蝴蝶和蛾的幼虫；有的有坚硬的外壳，如甲虫、蠼螋和鼠妇……这些种类众多、形态各异的小生命，让大自然充满了生机与活力，对维护生态平衡起到重要作用。

让我们一起走进奇妙的虫子世界，认识各种各样的虫子，了解它们的生活习性，体验自然探索的乐趣！

《小小户外探索家 夜探自然》

[英]罗宾・斯威夫特/文
[英]萨拉・林恩・克拉姆/图
陈　睿/译
中国和平出版社 出版

夜的大幕已经拉开，大自然就是奇妙的舞台，各种神奇生物轮番亮相，让我们走出家门，打开手电筒，赴一场大自然之约。

地上大大小小、形状不同的脚印，是哪些动物留下的？什么动物的眼睛在闪闪发光？什么动物发出怪异的呼噜声？哪些花儿在夜间绽放？夜空中能看到哪些星座……用你全身的感官，体验奇妙的夜晚世界！

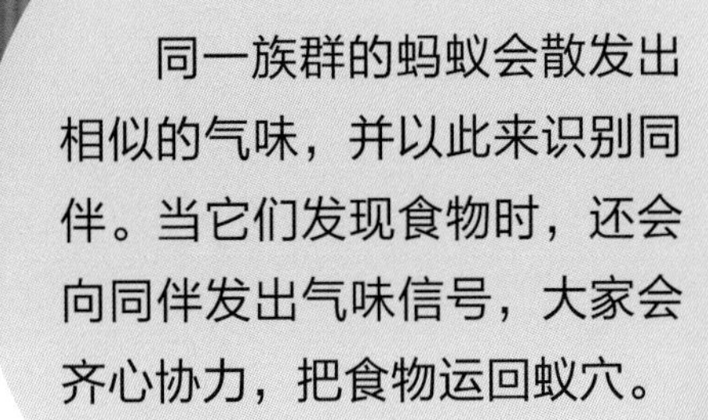

同一族群的蚂蚁会散发出相似的气味，并以此来识别同伴。当它们发现食物时，还会向同伴发出气味信号，大家会齐心协力，把食物运回蚁穴。

有的蚂蚁有翅，它们会在晴朗的日子飞离蚁穴，在外安家。它们一般在泥土里或者石头下面筑巢。

不受欢迎的虫子

苍蝇是世界上最常见的一类昆虫，也是最不受欢迎的一类昆虫。它们喜欢停留在人类的食物上，或者在房间里嗡嗡嗡地飞来飞去，有的甚至还会咬人。

家蝇喜欢在马粪和猪粪上产卵，因此它们的足会沾染并传播病菌。它们喜欢吃甜食，在吃之前会 “吐口水”，因此，一旦食物被苍蝇沾过，就不能吃了。

丽蝇会传播疾病，因为它们喜欢吃腐肉。它们的卵会孵化出白色的蠕动的蛆。

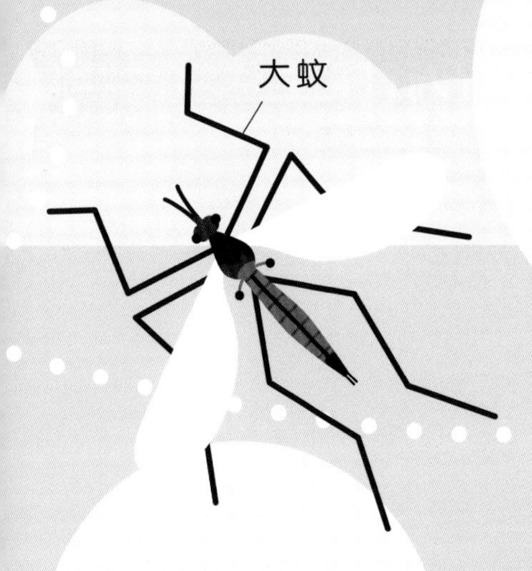

人们有时候把大蚊称作“长腿叔叔”，因为它们有着惊人的大长腿。比起小巧的苍蝇，大蚊行动缓慢，更容易被捉住。

虻有锋利的口器，能划破皮肤，使皮肤流血，让人感到疼痛。

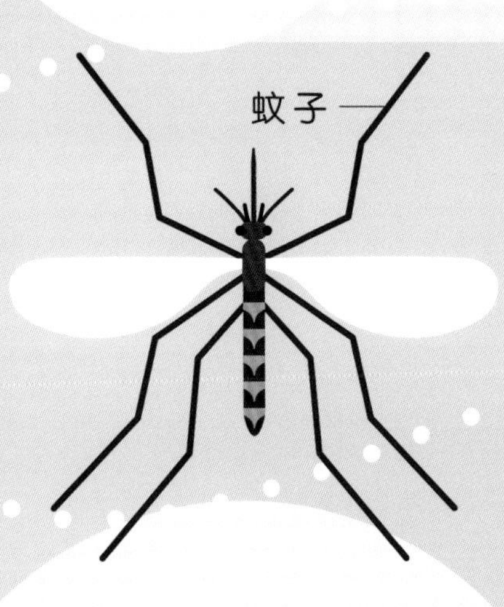

蚊子喜欢吸血，尽管大多数蚊子是无害的，但有一部分会传播疟疾等疾病。

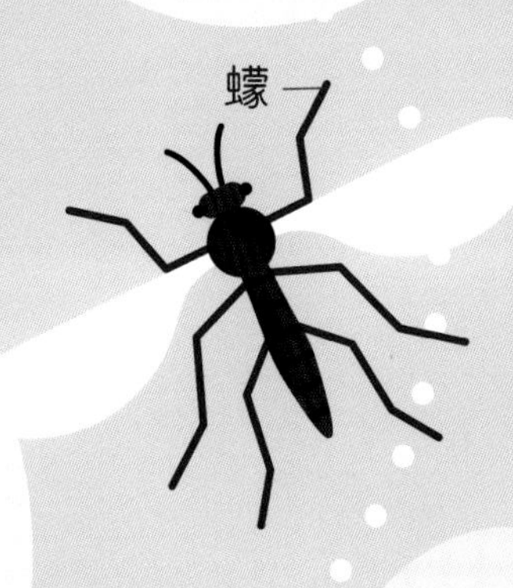

蠓是一类常见的昆虫，或许你曾在夜里听到它们嗡嗡嗡地飞来飞去。它们会将卵产在水面上。冬去春来，这些卵会孵化。

水里的虫子

池塘和小溪是寻找虫子的绝佳场所。那里有许多潜游的小动物，还有一些甚至能飞掠水面，你用网很容易能捉住它们。如果你安静耐心地等待，还能看到它们浮出水面呼吸的样子。

能在池塘水上漂的虫子有毛茸茸的防水足，还有长长的腿，这让它们在水面上能保持身体平衡。有的还可以用短小粗壮的前足攻击其他昆虫，比如落在水面上的蚊子。

你知道吗？

英文中会用“bug”这个词来表示水里的虫子，不过它不能代表全部的水生虫，而是特指在水里的那些具有刺穿和吮吸功能口器的昆虫。

有些虫子生活在水下，比如蝎蝽、黾蝽和仰泳蝽。仰泳蝽在水中游弋是在觅食，它们吃蝌蚪、小鱼和落入水中的飞虫。仰泳蝽有翅，天气暖和时，它们会从一个池塘飞到另一个池塘。

蝎蝽也有翅，但很少飞行，它们喜欢贴在水边的植物上。蝎蝽潜水时，用腹部的长管呼吸。

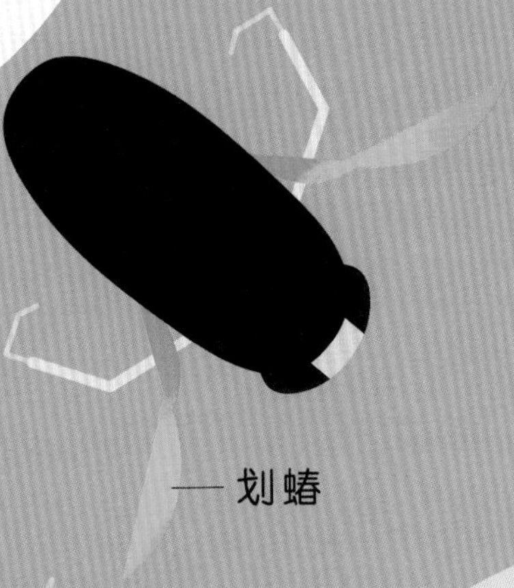

—— 划蝽

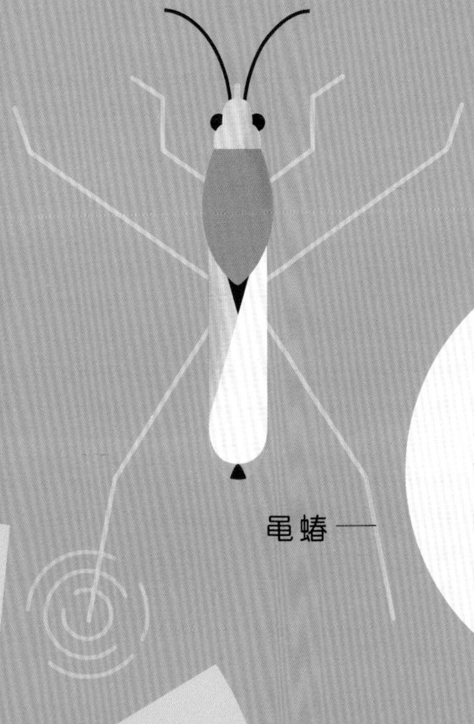

黾蝽 ——

如果你捉到一只仰泳蝽，千万要小心，因为它可能会咬人！不要把划蝽和仰泳蝽弄混了，仰泳蝽游泳的时候背部朝下。

蜻蜓和豆娘

夏天，当你经过池塘时，可能会看到蜻蜓和豆娘从水面掠过。蜻蜓和豆娘的一生从池塘的水底开始，那时它们还是稚虫或若虫。在水下生活一两年后，它们才爬出水面，蜕去外壳，作为成虫展翅飞行（但这段时间不会持续很久，因为大部分成虫活不过三个星期）。

帝王伟蜓的一生

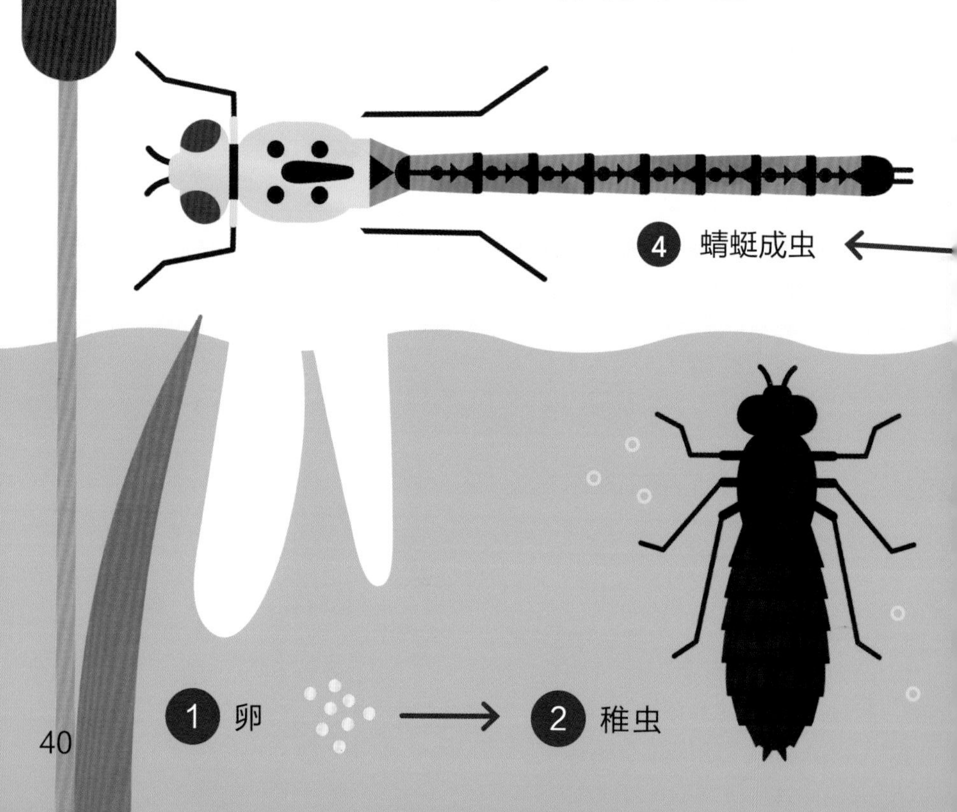

你知道吗？

早在恐龙出现前，地球上就有蜻蜓和豆娘了。不过，那时它们的个头儿要大得多！

教你一个区分蜻蜓和豆娘的简单方法：当蜻蜓休息时，翅是平展的，而豆娘的翅会合拢起来。

豆娘有着小小的眼睛，细长的身子。蜻蜓的身体比豆娘宽大，眼睛也非常大——确切地说，蜻蜓的眼睛是昆虫中最大的！

蚜虫和盲蛛

蚜虫大约有四五千种，是世界上繁殖最快的一类虫子。在春季和初夏时节，我们很容易见到它们。它们经常在植物的茎尖或者叶子下面进食。

蚜虫喜欢的植物是豆类、果树、土豆和玫瑰。它们会在植物的茎上刺一个小洞，吸食里面的汁液。园丁通常把蚜虫当作害虫，因为它们会传播病毒，破坏植物。

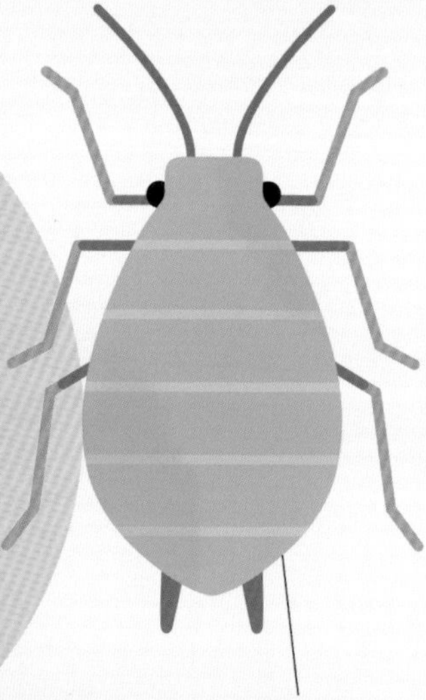

蚜虫

你知道吗?

蚜虫会分泌一种黏稠的蜜露，这是蚂蚁喜欢吃的食物。为了保护蚜虫，蚂蚁会在蚜虫附近跑来跑去，赶走瓢虫和草蛉等捕食者。

和大蚊一样，盲蛛有时也被称作“长腿叔叔”，它们长得像蜘蛛，但足更细长。和蜘蛛一样，盲蛛也有4对足，但它们不会通过织网来诱捕食物。它们会吃死虫子、植物或者动物的粪便。

当盲蛛感觉有危险时，会直接断掉一条腿，让捕食者大吃一惊，从而为自己争取逃跑的时间。

蜘　蛛

有些人害怕蜘蛛，但其实蜘蛛也怕人。当你突然靠近蜘蛛时，它们会逃跑。为了安全起见，不要直接用手抓蜘蛛，因为有些蜘蛛很危险，会咬伤你，或者用细小的刚毛刺激你的皮肤。

蜘蛛有4对足，最多有8只眼睛。它们的身体分为头胸部和腹部两部分。

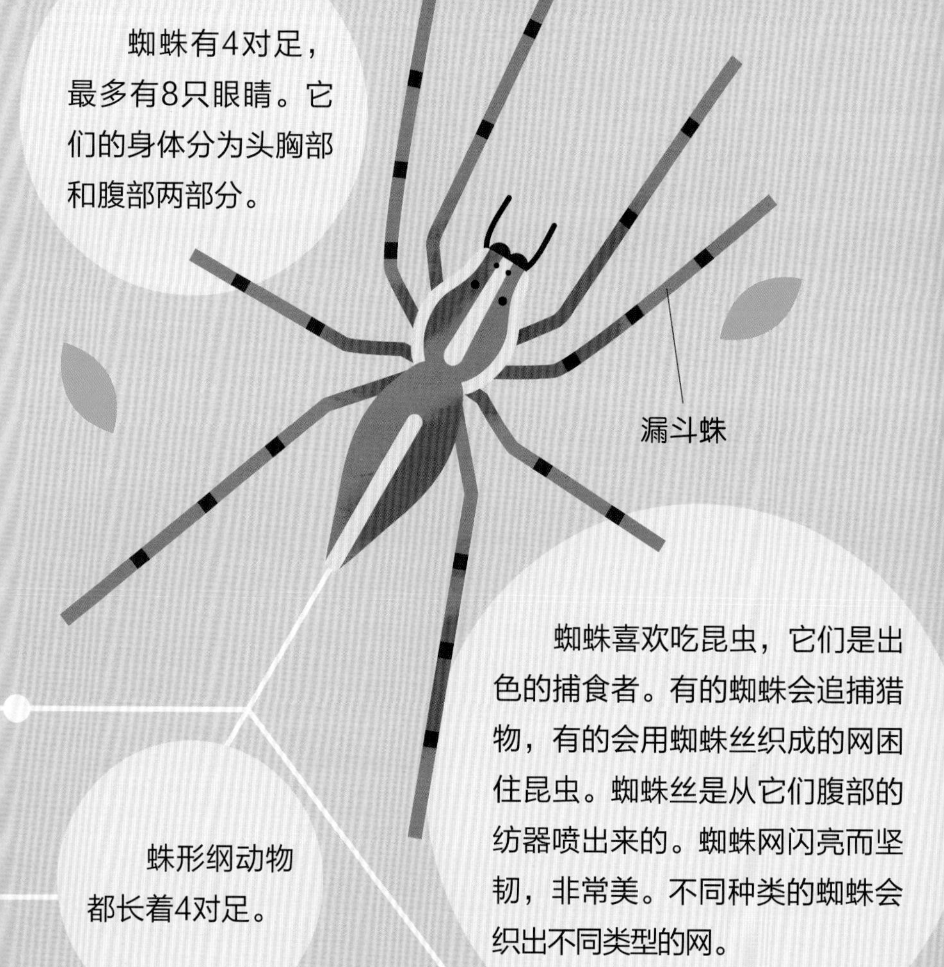

蜘蛛喜欢吃昆虫，它们是出色的捕食者。有的蜘蛛会追捕猎物，有的会用蜘蛛丝织成的网困住昆虫。蜘蛛丝是从它们腹部的纺器喷出来的。蜘蛛网闪亮而坚韧，非常美。不同种类的蜘蛛会织出不同类型的网。

蛛形纲动物都长着4对足。

皿网蛛织网时，会先织出片状的网，然后在上面加一些杂乱的丝。等网织好后，皿网蛛会吊在网下面，等待昆虫自投罗网。

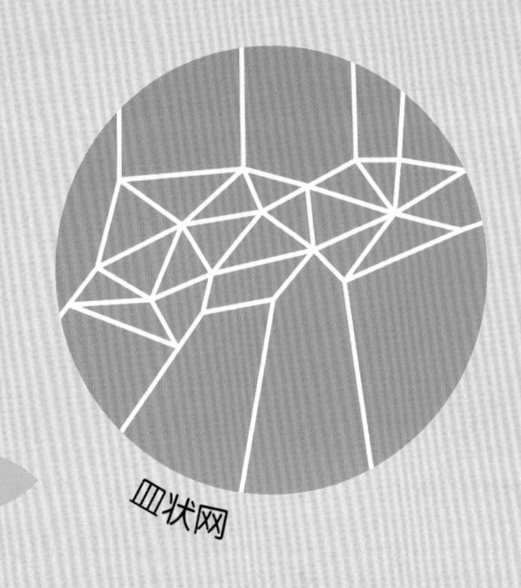

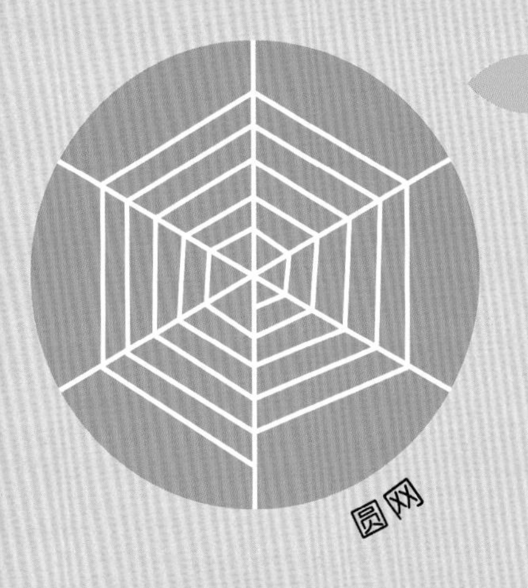

圆网蛛的网是从中间开始织的。它会待在网中间，等待昆虫出现。

三角网有4根辐射丝。蜘蛛会坐在其中一根辐射丝上，一旦猎物出现，它会将整张网拉紧。

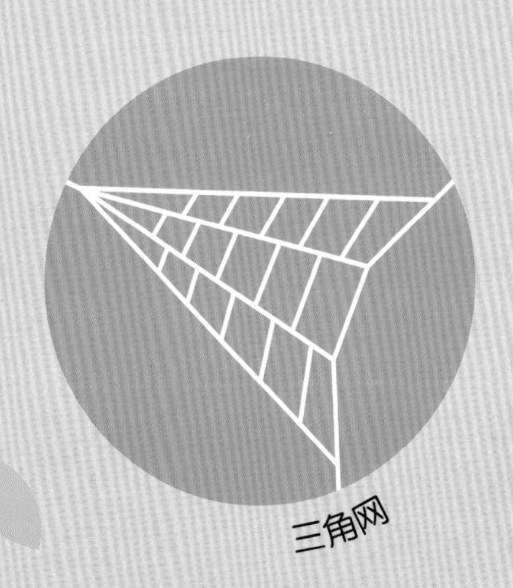

漏斗网也是从中间开始织的，这种网出现在角落里或石头间。

昆虫被困在蜘蛛网中时，会挣扎起来，从而引起蜘蛛网的震动。虽然蜘蛛的视力不好，但它们能通过感知蜘蛛网的震动来抓住猎物。

蜘蛛的口器很小，很难咀嚼食物。因此，它们捕捉到昆虫后，会向昆虫身上注入一种消化酶，使昆虫的身体液化，然后吸食昆虫的体液。被吸干体液的昆虫残骸会留在蜘蛛网上。

蜘蛛不仅用丝来织网，还能把丝做成一根拉绳，这样它们就能平稳地降落，或者腾空摇荡，从而躲避危险。
园蛛
蜘蛛产下卵后，会用蜘蛛丝将其裹成卵囊，来保护卵。有时，它们会带着卵囊到处活动。
漏斗蛛
圆网蛛

蜗　牛

如果你在下雨天出门，注意别踩到路上的蜗牛。蜗牛喜欢潮湿的地面，所以要留意它们又大又圆的壳和柔软黏滑的身体。蜗牛大多以植物为食，它们的触角顶端有很小的眼睛。

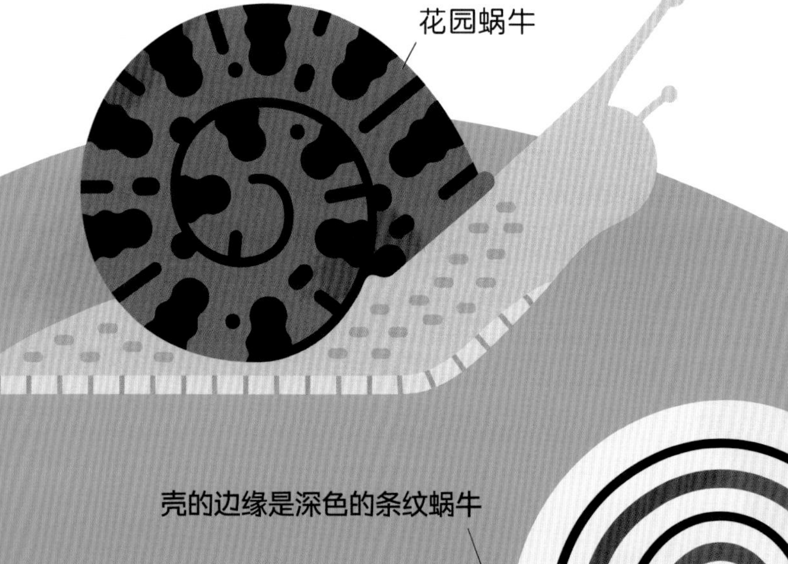

花园蜗牛很常见，它们会把身体缩进壳里，防止身体变干。

放大看！

蜗牛小小的眼睛长在触角的顶端。

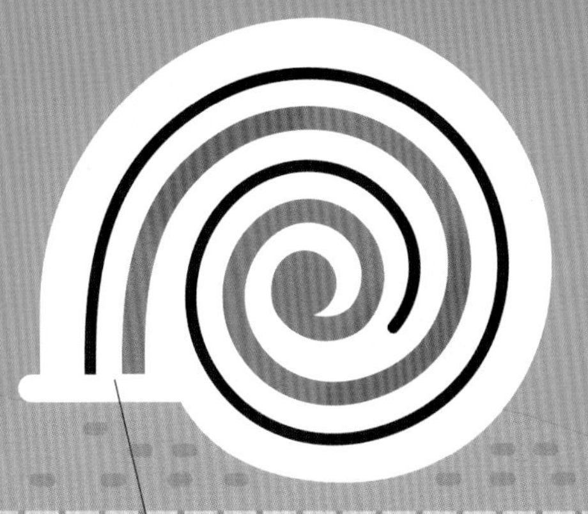

壳的边缘是浅色的条纹蜗牛

大多数条纹蜗牛的壳上有螺旋形的条纹，不过有两种条纹蜗牛很难区分：一种壳的边缘是浅色的，另一种壳的边缘是深色的。你必须仔细观察，才能分辨出它们。壳上的条纹有助于蜗牛隐藏自己，避免被饥饿的鸟发现后吃掉。

蛞　蝓

蛞蝓看起来像蜗牛，但没有坚硬的壳。蛞蝓喜欢潮湿的地窖和花园里潮湿的角落，特别是棚子和屋外的厕所。在那里，它们能吃到发霉的木头。

蛞蝓的身上布满了黏液，便于它们四处爬行，它们在花园里或者窗户上爬过时，会留下黏糊糊的银色痕迹。这些黏液上还有蛞蝓独特的气味，有助于它们找到回家的路。

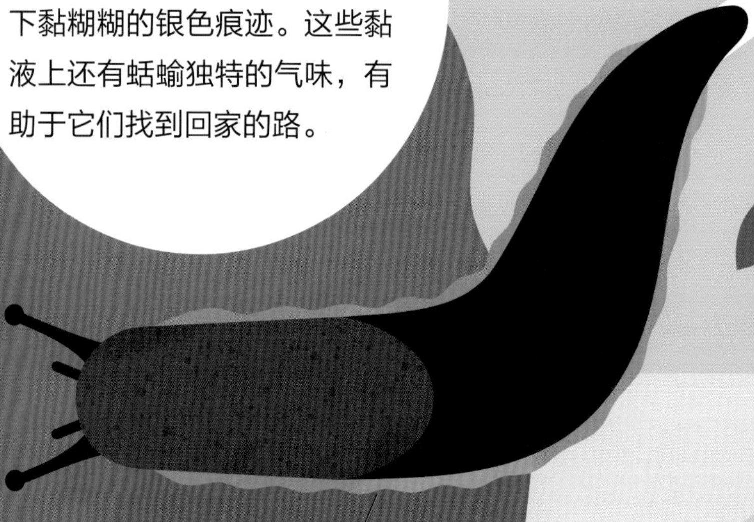

庭院蛞蝓

蛞蝓有一对长长的触角，眼睛长在触角顶端，还有一对短触角，用来闻气味。蛞蝓通过背部的小孔呼吸，它们的血液是绿色的！
放大看！
豹纹蛞蝓
蜗牛和蛞蝓都属于腹足类动物，它们的肚子与足合二为一，换句话说，它们黏糊糊的身体相当于强健的足。

甲虫

在陆地上，甲虫的种类比其他动物的都要多，它们大小不同、形态各异，体表有不同的颜色和花纹。甲虫的生活环境各不相同，不管是在炎热的沙漠还是寒冷的极地，都能发现它们的身影。

叩头虫

叩头虫生活在花中或者树上。如果你把一只叩头虫放在掌心，它会先装死，然后马上蜷缩起身体，把自己弹出去。

花萤有时候被称作“吸血鬼”，但其实它们不会吸血。事实上，它们不会伤害人类。

花萤

有些赤翅甲的身体是鲜红色的，当它们在花或树干上休息时，你很容易发现它们。它们的触角很长，上面有细绒毛。

瓢虫

瓢虫身上有标志性的斑纹，因而容易辨认。它们红色的外壳能警告捕食者远离，它们的足能分泌一种臭臭的黄色液体。

锹甲虫是英国最大的甲虫，很罕见。雄锹甲虫的上颚非常发达。为了争取和雌锹甲虫的交配权，雄锹甲虫们会用上颚打架。

金龟子经常在夜间出没，和蛾一样喜欢光亮。它们有时因为被灯光吸引，撞到窗户上。金龟子也被称作“五月甲虫”，因为它们会在5月到8月间出现。

血鼻叶甲受到攻击时，会从口中分泌出一种苦苦的红色液体，吓退捕食者，它们也因此而得名。和大多数甲虫一样，它们行踪隐秘，很难被发现。
血鼻叶甲
隐翅虫通常会在夜晚出动，捕食昆虫、蠕虫、蜘蛛和蛞蝓等猎物。当遇到危险时，它们会卷起尾巴，喷出很臭的液体。如果你发现了隐翅虫，当心它们咬你。

马陆和蜈蚣

马陆和蜈蚣的身体都很长，而且都有很多对足。它们通过身体两侧的小孔呼吸。尽管它们看起来有点儿像，但还是有明显的区别。

马陆共有40~750只足，每个体节有2对足。它们的足强壮有力，可以用来爬树，甚至能让它们倒挂在枝头。但它们的爬行速度慢，不如蜈蚣快。

马陆

马陆的身体更圆，触角更短。

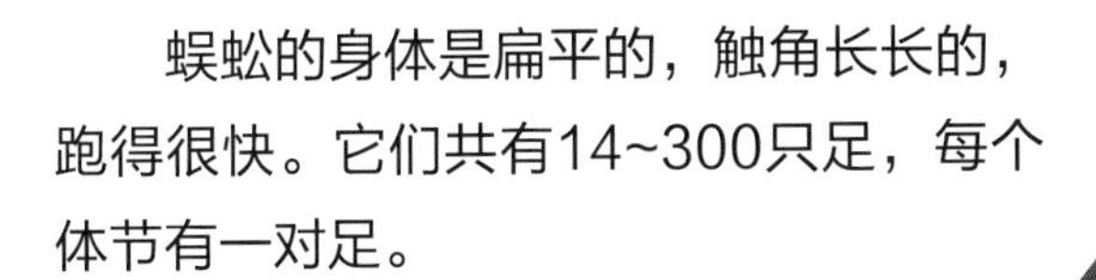

蜈蚣的身体是扁平的，触角长长的，跑得很快。它们共有14~300只足，每个体节有一对足。

蜈蚣

蜈蚣的前足比后足短，因此它们永远不会被自己绊倒。

蜈蚣喜欢吃马陆和其他虫子。为了保护自己，马陆会钻到土壤深处躲起来。在那里，马陆可以吃干枯的植物和木块，还能松土，帮助植物生长。

蠼螋和鼠妇

蠼螋和鼠妇喜欢躲在阴暗潮湿的地方，比如木桩下面或者缝隙里。搬开花园里的一块石头或者木头，也许你会有意外发现呢。

鼠妇受到惊吓时，会像刺猬一样，把身体蜷缩成球状。

你知道吗？

鼠妇

鼠妇并不是昆虫，它和螃蟹、龙虾属于同一个纲。它们都喜欢生活在潮湿的地方。

鼠妇有7对足，还长着坚硬的壳，可以用来保护自己。

蝗虫和蟋蟀

蝗虫和蟋蟀在发育过程中会多次蜕去外骨骼，直至发育成成虫。

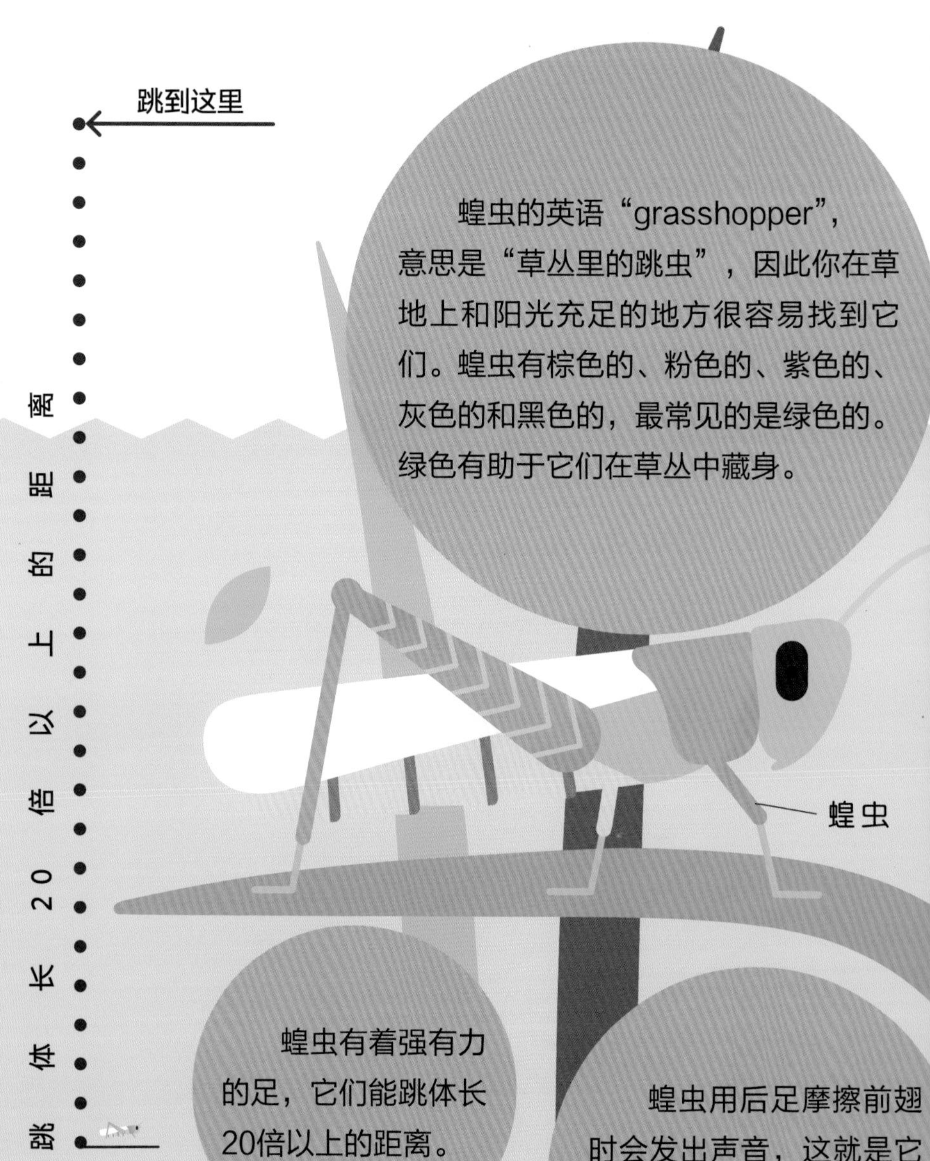

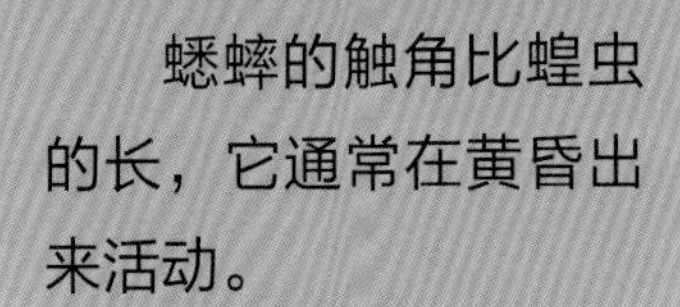

蟋蟀的触角比蝗虫的长，它通常在黄昏出来活动。

蟋蟀的“歌声”是左右两翅摩擦时发出的声音，而不是足发出的。

草蛉和蟑螂

虽然草蛉和蟑螂这两种昆虫数量较多，但平时很难发现它们。草蛉的身体是绿色的，翅是透明的，而蟑螂的爬行速度非常快。

和许多其他虫子一样，草蛉也在夜间活动，喜欢有光的地方。它们经常出现在农场附近，因为它们喜欢吃毛毛虫和蚜虫这类爱吃庄稼的昆虫。

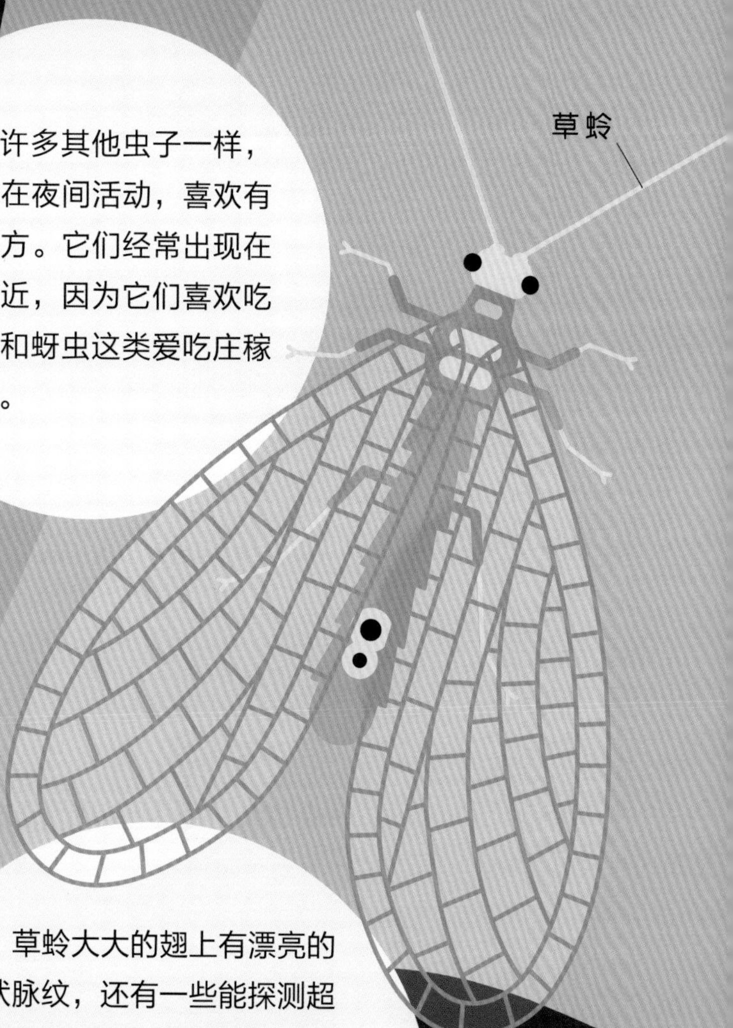

草蛉

草蛉大大的翅上有漂亮的网状脉纹，还有一些能探测超声波的感受器。草蛉能感知蝙蝠发出的超声波，因而可以避免被蝙蝠吃掉。

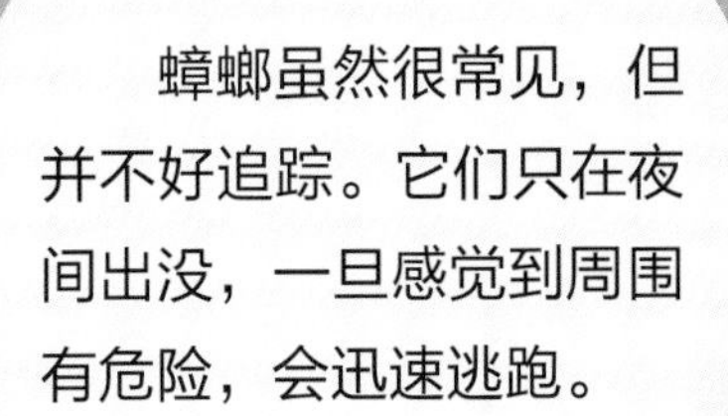

蟑螂虽然很常见，但并不好追踪。它们只在夜间出没，一旦感觉到周围有危险，会迅速逃跑。

即使蟑螂的头掉了，它们依然可以存活9天！

你知道吗？

蟑螂爱吃垃圾和腐烂的东西，会传播病菌。如果你看到了蟑螂，千万别直接去碰它们！

蚯 蚓

蚯蚓是世界上最重要的虫子之一，它们在土壤里钻来钻去时，能起到松土的作用，有助于植物生长。虽然蚯蚓的身体看上去湿滑柔软，但它们的体节上有肌肉和刚毛，非常适合在土壤里穿行。

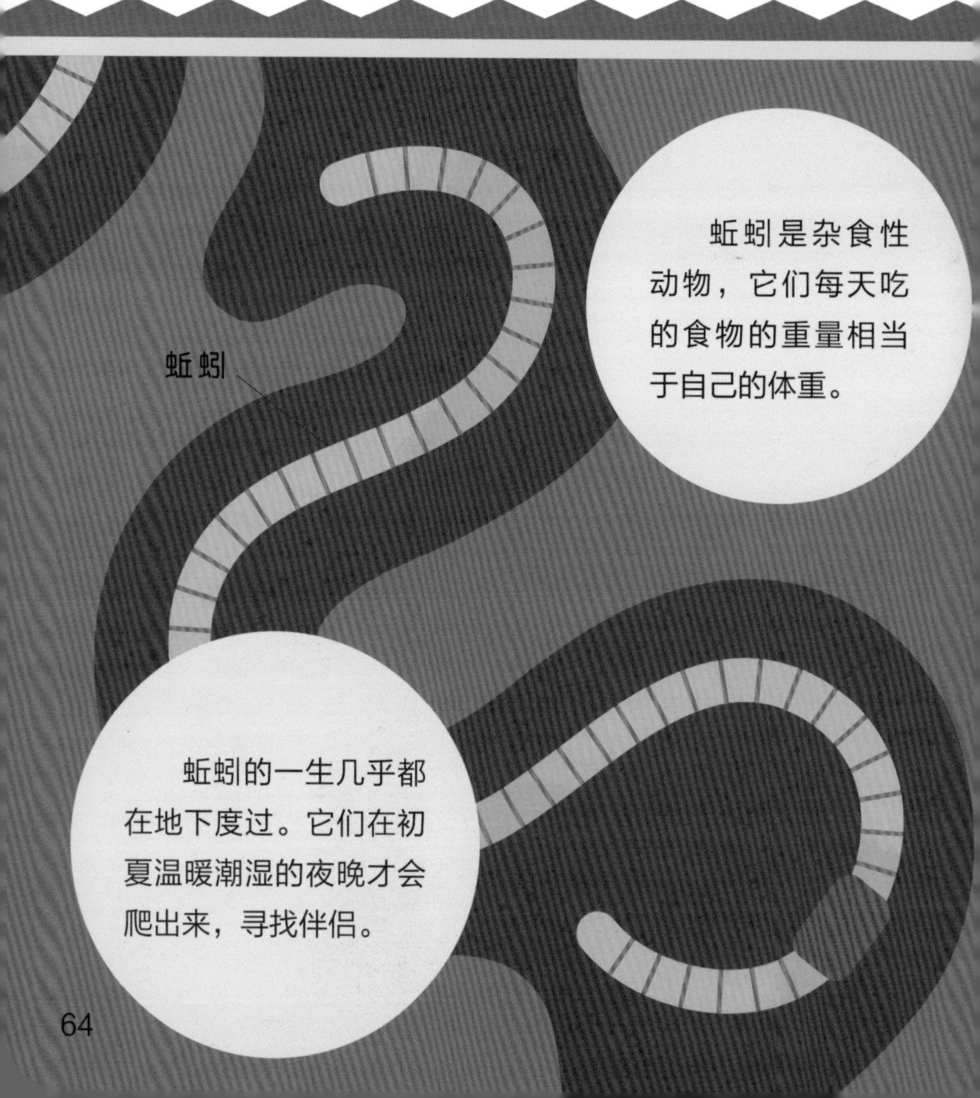

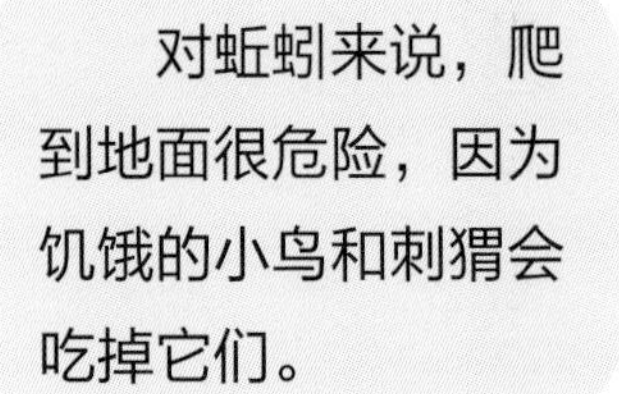

对蚯蚓来说，爬到地面很危险，因为饥饿的小鸟和刺猬会吃掉它们。

捕食的鸟

蚯蚓没有眼睛，但它们的皮肤很敏感。如果小鸟碰到了它们的尾巴，它们会在被揪出去之前迅速躲回地下。

找虫子

只要找对了地方，你就会很容易找到虫子。你还可以通过很多方式来更好地了解它们。但许多虫子善于伪装，很难被发现，你可以试试以下这些简单的方法，将虫子引出来。

在花园里做一个诱捕虫子的陷阱。在温暖潮湿的天气，你可以在植物下面扔半块葡萄柚的皮（有果皮的一面朝上）。

耐心地等一晚上，看看有没有蛞蝓这类喜欢潮湿的环境的虫子钻入陷阱。

1 在托盘上铺一张白纸，把有叶子的树枝放在托盘上面。

2 用棍子轻轻拍打树枝，那些藏到树枝里的虫子就会掉到白纸上。

3 当这些虫子在白纸上四处逃窜时，你可以用放大镜仔细观察。

试着把托盘放在不同的植物下面，再拍打树枝，这样你能发现各种不同类型的虫子。你也可以把白纸直接铺在地上。

如果想找到池塘附近的水生虫子，也很简单。你可以准备一张网和一个大碗，或者一个盘子。观察完后，记得将虫子们放回水中。如果你想自己制作一张捕虫网，可以和家长一起准备一块方形的网布、一个订书机、一个衣架、一个老虎钳和一根棍子。

1 沿着网布的一条边，向下对折约6厘米。

方形的网布

沿此虚线装订

订书机

2 将向下折出的网布边缘用订书机订好。

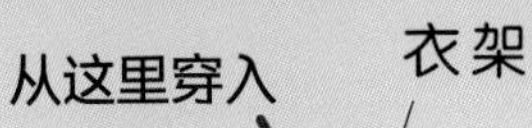

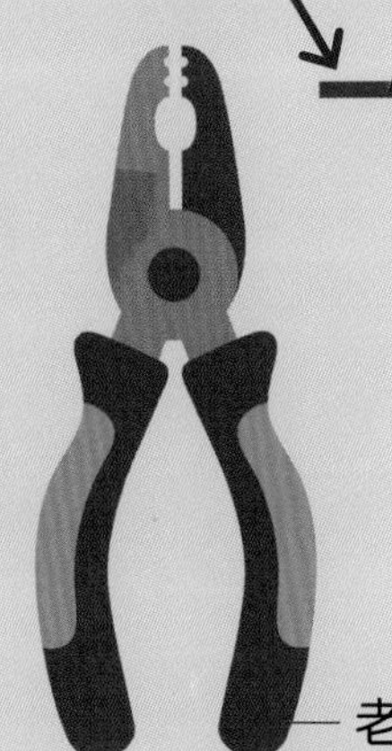

❸ 请大人帮忙用老虎钳把衣架扳直，然后将衣架穿过网布折边。

❹ 将穿过网布折边的衣架小心地弯成圆形网口。再将棍子从网口中间穿入，并用胶带粘好。

棍子

❺ 用订书机订住网兜的侧面和底部，捕虫网就做好了。

为什么虫子很重要

虽然人类认为那些吃庄稼、传播疾病的虫子是害虫，但这些虫子在生态系统中仍然发挥着非常重要的作用。

那些生活在落叶层里的虫子也扮演着重要的角色，它们会分解枯树的枝叶，甚至还能分解动物的尸体和粪便。

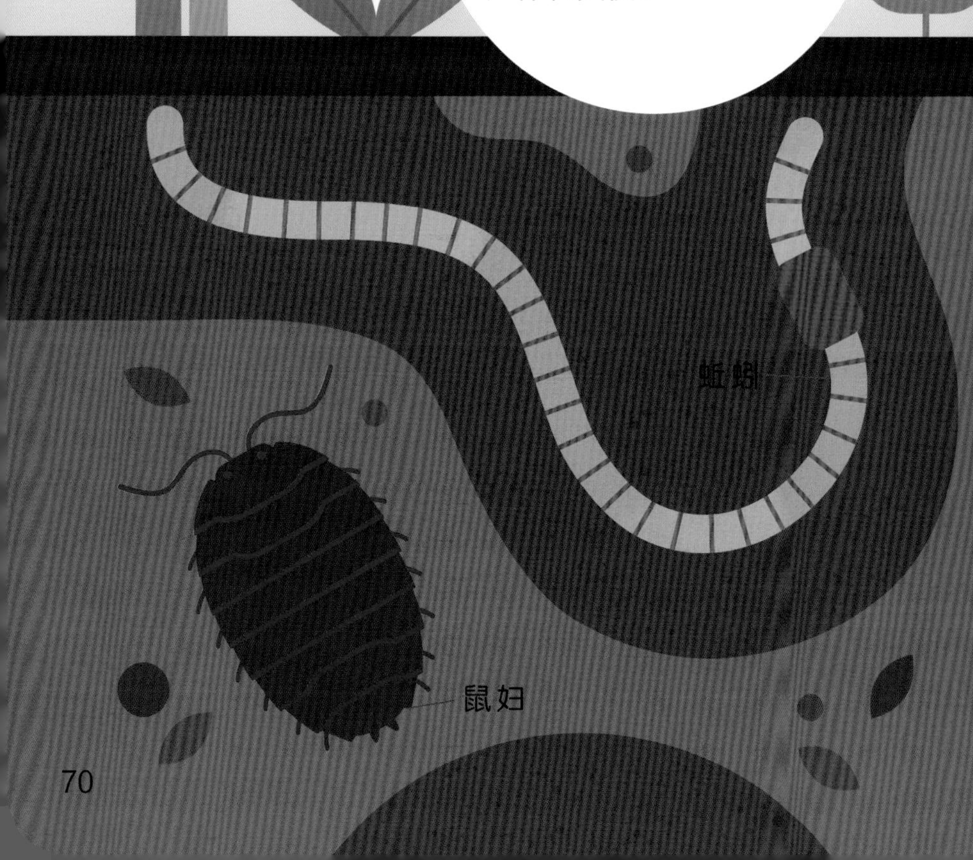

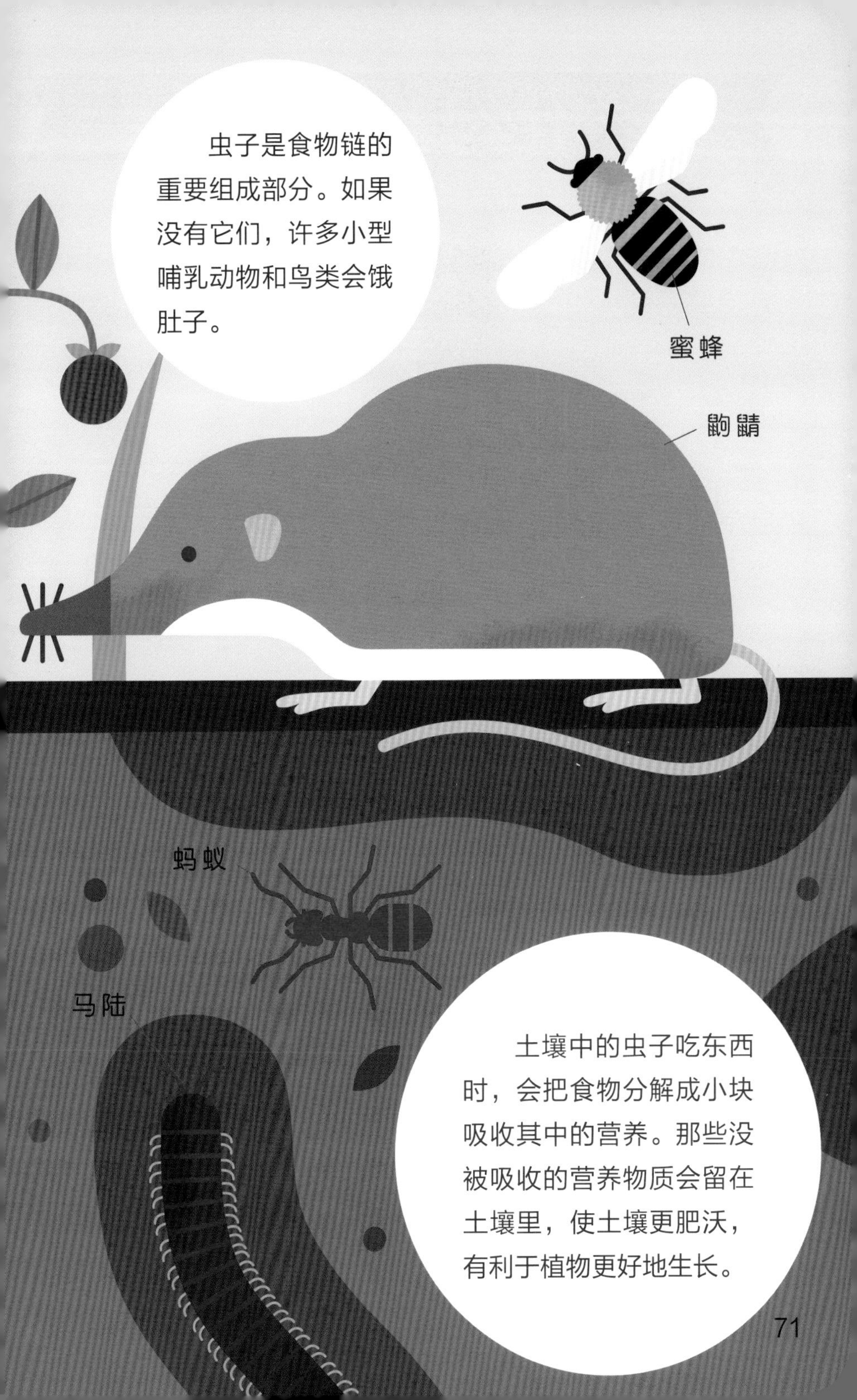

虫子是食物链的重要组成部分。如果没有它们，许多小型哺乳动物和鸟类会饿肚子。

土壤中的虫子吃东西时，会把食物分解成小块吸收其中的营养。那些没被吸收的营养物质会留在土壤里，使土壤更肥沃，有利于植物更好地生长。

虫子分类图

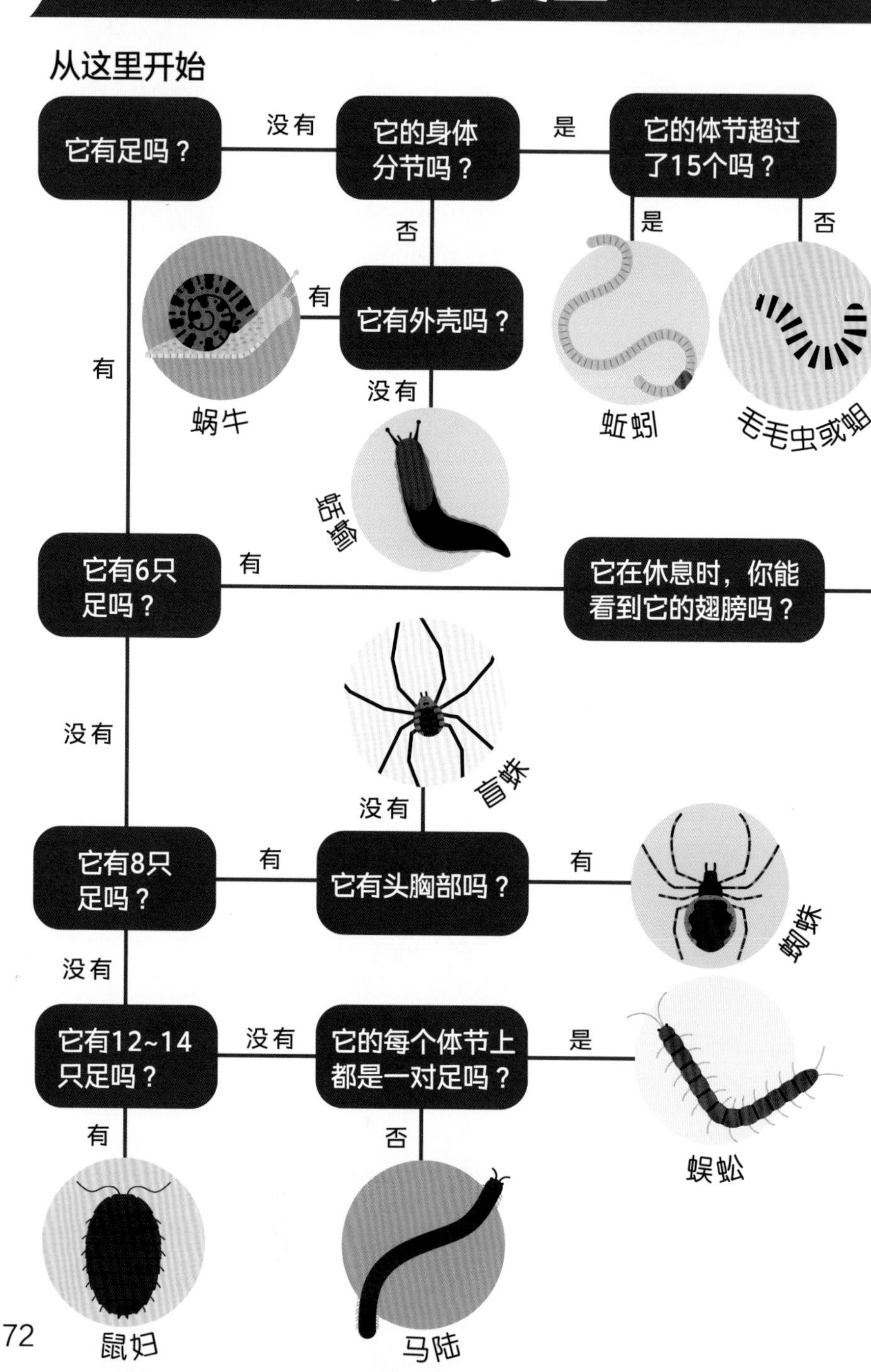
从这里开始
它有足吗？
没有
它的身体分节吗？
是
它的体节超过了15个吗？
是
否
否
有
它有外壳吗？
没有
有
蜗牛
蚯蚓
毛毛虫或蛆
蛞蝓
它有6只足吗？
有
它在休息时，你能看到它的翅膀吗？
没有
盲蛛
没有
它有8只足吗？
有
它有头胸部吗？
有
蜘蛛
没有
它有12~14只足吗？
没有
它的每个体节上都是一对足吗？
是
蜈蚣
有
否
鼠妇
马陆

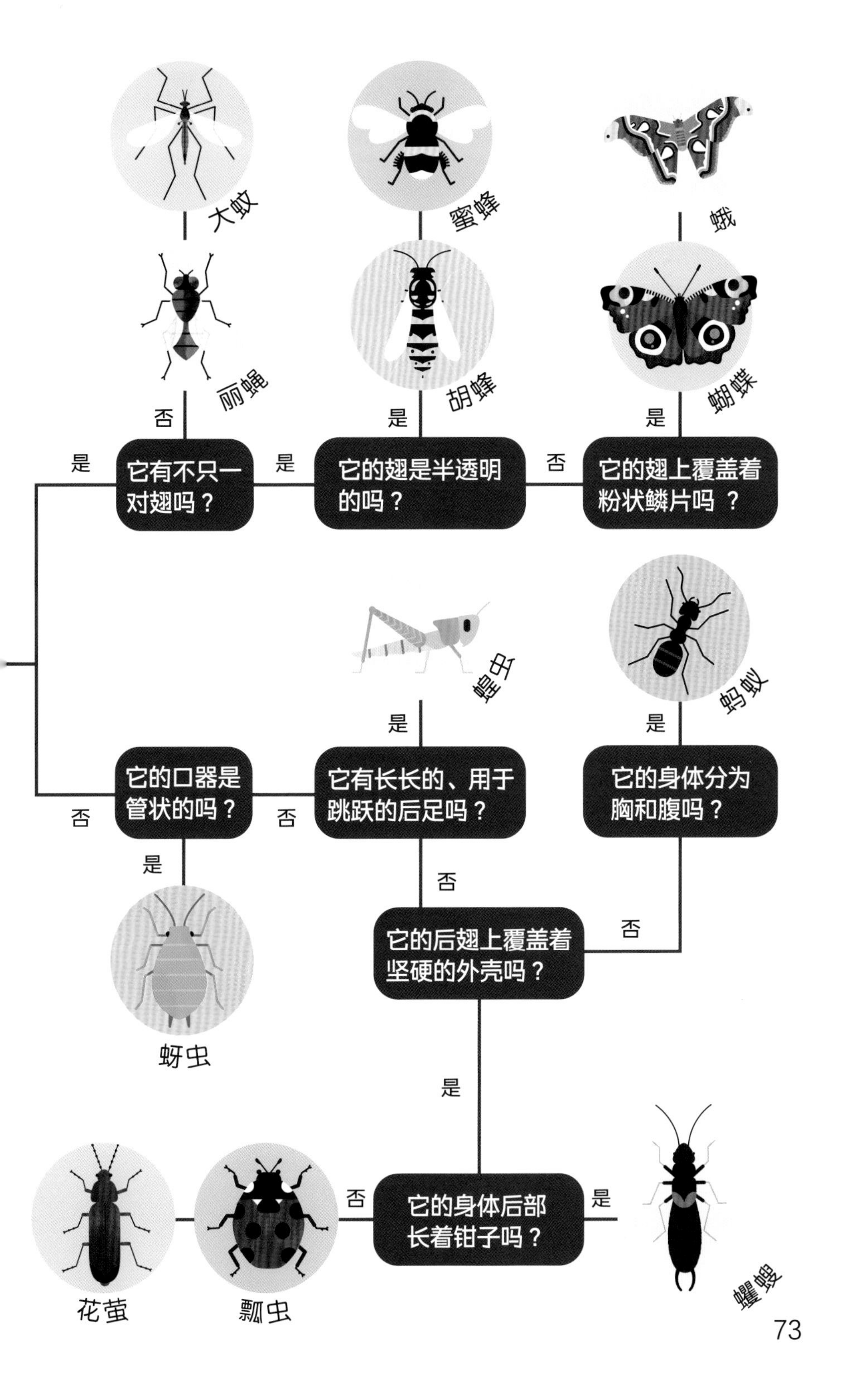
大蚊
蜜蜂
蛾
丽蝇
胡蜂
蝴蝶
否
是
是
是
是
否
它有不只一对翅吗？
它的翅是半透明的吗？
它的翅上覆盖着粉状鳞片吗 ？
蝗虫
蚂蚁
是
是
它的口器是管状的吗？
它有长长的、用于跳跃的后足吗？
它的身体分为胸和腹吗？
否
否
是
否
否
它的后翅上覆盖着坚硬的外壳吗？
蚜虫
是
否
它的身体后部长着钳子吗？
是
花萤
瓢虫
蠼螋

虫子大小竞赛

来看看你喜欢的虫子的实际大小吧！

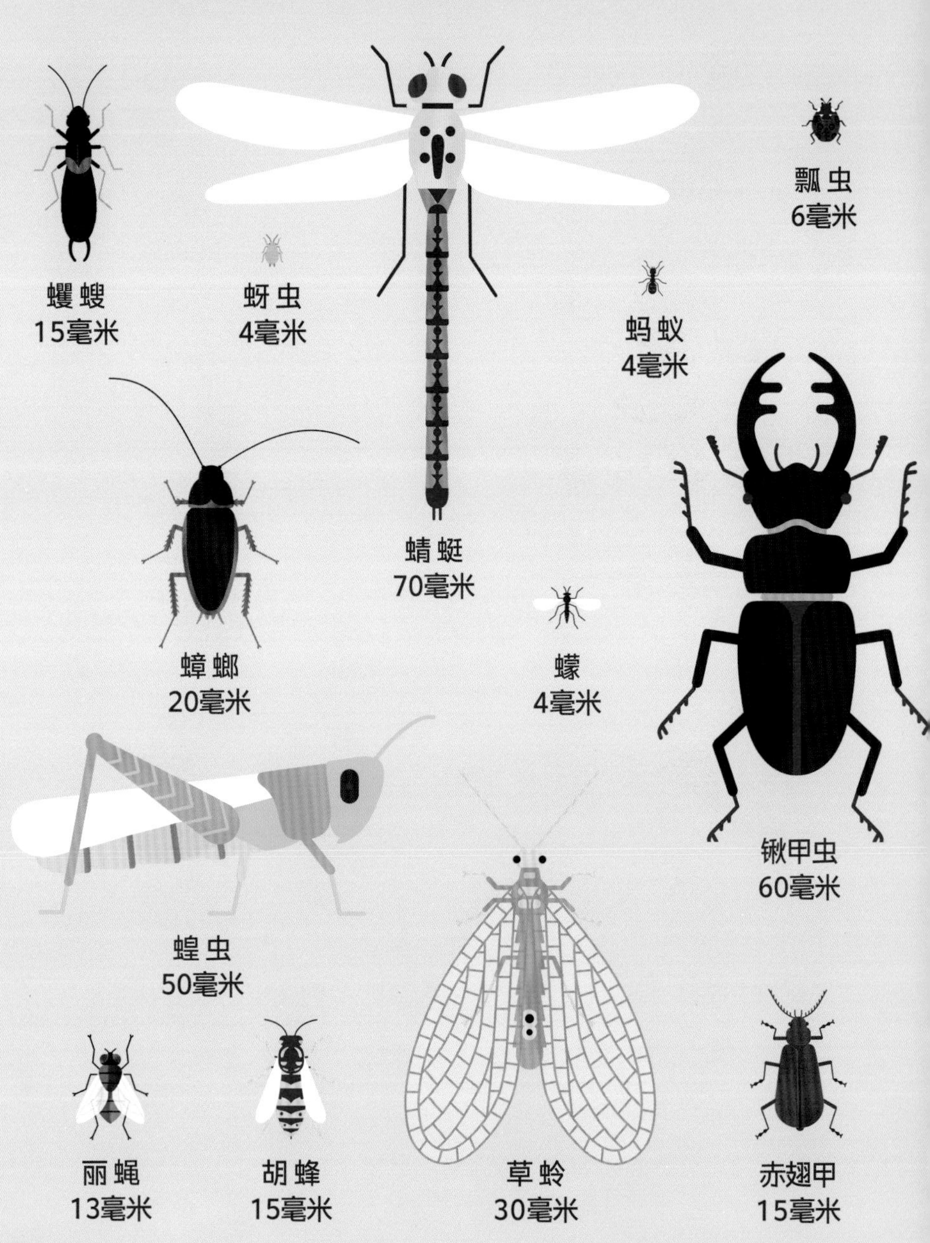

小红蛱蝶
翅展65毫米

蚊子
7毫米

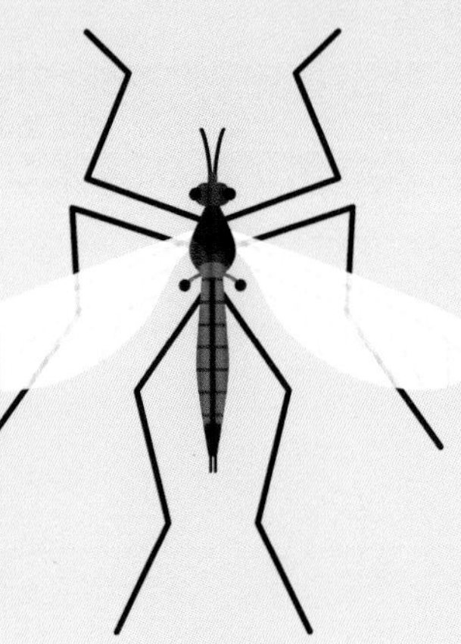

大蚊
30毫米

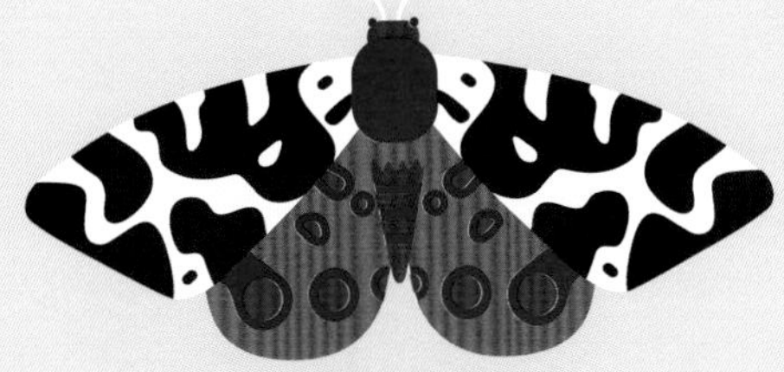

花园虎蛾
翅展60毫米

花园蜗牛
30毫米

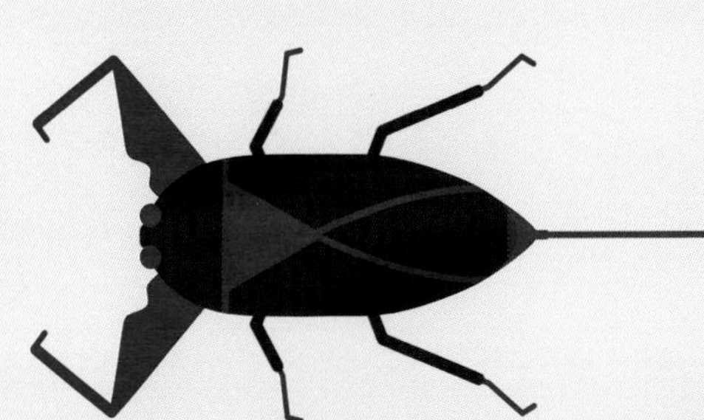

蝎蝽
37毫米

蜜蜂
17毫米

鼠妇
10毫米

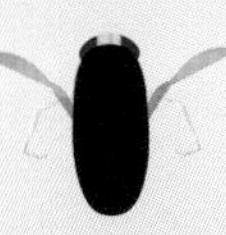

划蝽
12毫米

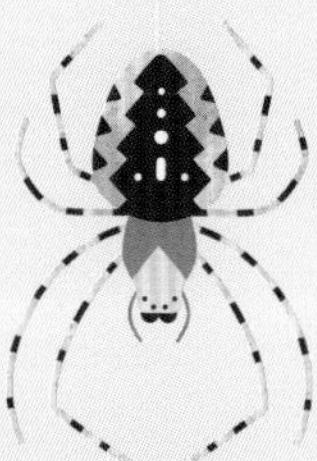
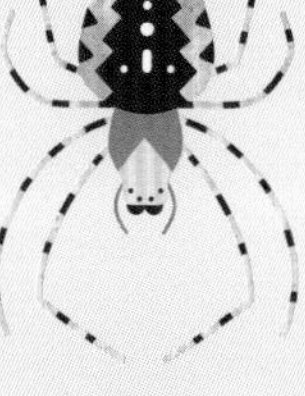

园蛛
18毫米

虻
16毫米

虫子大闯关

1. 虫子的外壳叫什么？

A. 骨骼

B. 外骨骼

C. 喙

2. 昆虫的身体分为三部分：头、胸和（　　）。

A. 腿

B. 翅

C. 腹

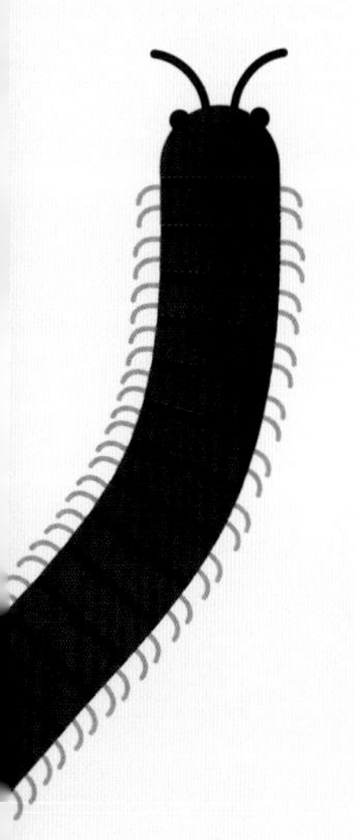

3. 什么是虫子的栖息地？

A. 虫子生活的地方

B. 虫子吃的东西

C. 捉虫子的网

4. 杂食动物吃什么？

A. 植物

B. 肉

C. 植物和肉

5. 下列哪种虫子有两对翅，且其中一对是另一对的保护壳？

A. 草蛉

B. 蜻蜓

C. 甲虫

6. 什么是花蜜？

A. 虫子的粪便

B. 植物分泌的糖浆

C. 蝴蝶生命周期的一个阶段

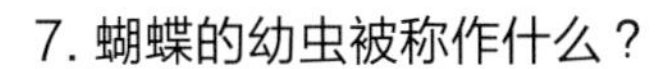

7. 蝴蝶的幼虫被称作什么？

A. 蛹

B. 蛆

C. 毛毛虫

8. 哪种虫子习惯仰泳？

A. 水黾

B. 仰泳蝽

C. 划蝽

9. 蜘蛛网是由什么构成的？

A. 丝

B. 棉花

C. 汁液

10. 蛞蝓和蜗牛都是腹足类动物，腹足是什么意思？

A. 黏糊糊的尾巴

B. 既是嘴巴又是鼻子

C. 既是肚子又是足

参考答案：1. B 2. C 3. A 4. C 5. C 6. B 7. C 8. B 9. A 10. C

术语表

腹： 昆虫的身体后部，前面是头和胸。

触角： 许多虫子的感觉器官，用来闻气味。

蛛形纲动物： 长着4对足，并且没有触角和翅的虫子。

伪装术： 动物通过和周围环境相似的体色和花纹来帮助自己藏身。

食肉动物： 捕食动物的动物。

变温动物： 体温会随着环境温度变化而改变的动物。

外骨骼： 某些动物体外起支撑和保护作用的硬壳，通常存在于虫子这样的无脊椎动物身体上。

觅食： 动物主动寻找食物。

腹足类动物： 像蛞蝓、蜗牛这类动物，它们由肌肉构成的腹部也是爬行用的足。大多数腹足类动物触角的顶端长着眼睛。

栖息地： 动物或植物在大自然中生存的地方。

食草动物： 只吃植物的动物。

幼虫： 昆虫的变态发育过程中卵孵化后的阶段，该阶段结束后，幼虫会化为蛹。

落叶层： 植物的枯叶落到地上形成的一层有机物质。

生命循环： 生命体一生中所经历的全部发育阶段。

大颚： 某些节肢动物用于咬食的器官。

花蜜：植物分泌的糖浆，蜜蜂采了花蜜后会酿成蜂蜜。

夜行：在夜间活动。

若虫：不完全变态发育的昆虫发育为成虫前，还未长出翅的阶段。

杂食动物：既吃动物又吃植物的动物。

花粉：植物产生的、能帮助它们繁育后代的粉末。

捕食者：猎捕其他动物的动物。

猎物：被猎捕的动物。

刺吸式口器：针管状的口器，用于刺破并吸食动植物体内的汁液。

蛹：完全变态发育的昆虫在幼虫之后的发育阶段。处于这个阶段时，昆虫不吃也不动，直到羽化。

齿舌：长着牙齿的、会动的舌头，能帮助蜗牛和蛞蝓进食。

繁殖：生物孕育出自己的下一代的过程。

丝：蜘蛛或毛毛虫吐出的像线一样的物质。

物种：生物分类的基本单位。

纺器：蜘蛛、昆虫或昆虫的幼虫身体的一部分，可以用来吐丝。

胸：昆虫头和腹中间的部位，上面长着翅和足。

超声波：一类频率很高、人耳听不到的声波。

索 引

昆 虫

其他虫子

哺乳动物

术 语